Marion Nickig / Friedolin Wagner
Ellert & Richter Verlag

Gartenkultur

Eine Auswahl schöner Gärten
mit praktischen Hinweisen
und Erklärungen

Inhalt

Vorwort

Unser Jahrhundert neigt sich seinem Ende zu. Zwei Weltkriege haben tiefgreifende soziale Veränderungen bewirkt. Die großartigen aristokratischen Gartenanlagen der Vergangenheit bekamen den Status musealer Reservate und boten keine kreativen Anstöße mehr. Die vielen hilfreichen Hände, die vor dem Ersten Weltkrieg in den Gärten gearbeitet hatten, verdienten den Lebensunterhalt danach in der Fabrik. Fortan bestimmte das Maß an Arbeit, das die Besitzer bewältigen konnten, Existenz und Aussehen der Gärten. Eine Stilkunstbewegung wandte sich von 1890 an weltweit gegen die Künstlichkeit formaler Gartenanlagen. Als Reaktion auf das Industriezeitalter und die zunehmende Verstädterung wurde der Bauerngarten als Inspirationsquelle neu entdeckt. Die Hausgärten, die zuvor häufig nur Nutzgärten waren und die kaum jemand beachtete, avancierten zu Erholungsräumen im Freien. Nach dem Zweiten Weltkrieg war Gartenraum buchstäblich kostbar geworden; die Hausgärten wurden kleiner und kleiner. Der wirtschaftliche Aufschwung veränderte den Lebensstil. Die hohen Arbeitslöhne bedingten, daß Häuser und Gärten so angelegt wurden, daß sie geringe Arbeit und Kosten beanspruchten. Tourismus und Medien beeinflussen andererseits Vorstellungen, wie man im Garten leben will.

Gärten werden mehr und mehr als erweiterter Wohnraum genutzt. Ordnung gewährleistet die Bewohnbarkeit und führt leider auch zu unangebrachten Sauberkeitsvorstellungen. Das Verständnis für ablaufende Lebensprozesse ist häufig verlorengegangen. Der Garten wird obendrein als etwas betrachtet, das man sich dienstbar macht, das „funktionieren“ soll, wie die Waschmaschine. Ist nicht der „pflegeleichte“ Garten, der sich möglichst nicht verändern soll und aus dem man forteilt, um für anderes Zeit zu haben, Unkultur? Wird deswegen „Wildnis“ so wertgeschätzt, weil nur dort gottgewollte Lebensprozesse unbehindert sich darstellen und sie immer seltener anzutreffen ist? In den neuen „wilden Naturgärten“ soll gärtnerisches Wirken möglichst nicht stören. Dort wird auf wenigen Quadratmetern ein Ideal inszeniert, das Landschaft und Wildnis suggeriert. Vielleicht wird daraus ein Stil, und aus den kulturellen Bemühungen erwächst Gartenkunst.

Der ländliche Nutzgarten ist wiederentdeckt. In neu entstehenden „Bauerngärten“ wird ökologisch gewirtschaftet. Die Pflanzenliebhabergesellschaften, die entstanden sind, haben zunehmend Einfluß auf die allgemeine Gartenkultur. Mehr als je zuvor wird im Garten von vielen die „heile

Welt", die der moderne Mensch so sehr vermißt, sehnsuchtsvoll zu finden und zu bewahren gesucht.

Unser Gartenerbe ist vielseitig und reich. Das letzte Jahrzehnt dieses Jahrhunderts bietet Gärten in eklektischer stilistischer Vielfalt. Säen, Verschulen und Wässern, Hacken, Mulchen und Düngen können einhergehen mit Beobachten, Anteil nehmen, Sich freuen, um das Erfahrene als Ernte an andere freudig weiterzugeben. In diesem Sinne wollen die gewährten Einblicke in deutsche Hausgärten zur Anregung werden, um vielleicht Lösungen zu finden, selbst wenn das heißen mag, etwas ganz und gar anders umzusetzen, als es aufgezeigt ist. In der Auswahl an Gärten, an unterschiedlichen Gartenerfahrungen und in praktischen Ratschlägen kommt eine weite Spanne zeitgenössischer Gartenkultur und -kunst zum Ausdruck. Blicke in anderer Leute Gärten zu werfen ist allemal vergnüglich, besonders wenn sie durch die hervorragende Fotografie Marion Nickigs meisterlich geführt werden.

Friedolin Wagner
Hamburg, im Sommer 1993

Japanische Gartenwelt in Schleswig-Holstein

Der Ausblick von der Hausterrasse bietet blühende Polsterphloxe, Azaleen und Iris. Kühles Morgenlicht gibt der frühlingshaften Szene die Frische. Die Steinlaterne bekräftigt, was in der Art der Pflanzung anklingt: Die nähere Umgebung des Hauses ist von japanischer Gartenkunst geprägt.

Es ist ein Tag Ende September, ein Tag voll von milchigblauem Dunst und drückender Luftfeuchtigkeit, der selbst nachmittags noch den Tau auf den Blättern so präsentiert wie am Morgen.

Garten und Haus der Freeses liegen in Malente-Gremsmühlen, einem seit langem etablierten Kurort zwischen Dieksee und Kellersee in der Holsteinischen Schweiz. Jedem Süddeutschen wird diese „Schweiz“, so vor Ort besehen, ein Kopfschütteln abnötigen. Berge sind da nicht! Was seit einem Jahrhundert bekennerisch als Schweiz bezeichnet wird, ist norddeutsche Landschaft, hügelig, lieblich und in den Augen eines Süddeutschen vielleicht ein wenig melancholisch. Einem Hotelier schreibt man diese Eigenwerbung zu, dem das Emporstreben von Malente-Gremsmühlen am Herzen gelegen haben mag.

Vor Julia Freeses Haustür, in der Spanne vom Klingeln bis zum Türöffnen, läßt sich allerlei registrieren. Es gibt keine Sichtbarrieren, keine Zäune oder Hecken zu den umliegenden Nachbarhäusern. Die vielen Azaleenbüsche, die einen Kiesweg begleiten, geben sich irgendwie anders als üblicherweise im deutschen Vorgarten. So Höckerchen an Höckerchen sind sie dabei, sich alsbald zu einer grünen Matte zu schließen.

Im Wohnzimmer dann ist man ganz gefangengenommen von einem Arrangement orangeroter Lilienblüten und blaugrüner Funkienblätter, auch von der geheimen Beziehung dieses Straußes zu den saftig schimmernden Früchten auf den Dessertstücken. Mandarinen und Aprikosenhälften buhlen mit den Lilienblüten um Aufmerksamkeit. Julia Freese spricht vom Garten, und der Blick muß dabei zwangsläufig nach draußen wandern durch die Frontverglasung: Ahornblätter, die anschicken sich zu verfärben, an den Wangen der Terrassenstufen glatte Steine, sorgfältig plazierter Bambus. Von klein auf war sie in diesem Garten, hat Anteil genommen und selbst gepflanzt. Beim Zuhören wandert der Blick dann immer hin und her, von den Bambuszweigen vor den Fenstern, von den Rundungen des Bärenfellgrases an einer Kiesfläche zurück zu den Lilien. Und dann plötzlich, noch bevor sie selbst es bekennen konnte, ist klar geworden: Julia Freeses Gartenideal ist japanisch.

Ein Fernsehbeitrag über Ikebana war gewissermaßen der Anfang gewesen. Sie wurde gewahr, und es beflügelte sie geradezu, daß das kunstvolle Blumenstecken der Japaner eigenem ästhetischen Empfinden entsprach. Sie hat ein Ikebana-Diplom erworben und selbst an der Volkshochschule gelehrt. Der Ehemann treibt Handel mit Japan, ein glücklicher Umstand, der die Gartenstudienreisen nach Fernost ermöglichte und erleichterte. Julia Freese war in China, in den berühmten Gärten von Suzhou, Hangzhou, Shanghai gewesen. Sie hat Japan besucht und die Gartenanlagen Kyotos gesehen.

Draußen, von der Terrasse am Haus, erschließt sich der Garten besser; das Auge kann den Kuppen und Mulden der Modellierung folgen. Julia Freese hat das Terrain am Haus, das ehedem phantasielos platt war, liebevoll geformt zu sanften Hügeln, wo nun Polsterphlox und Thymian schwellen. Eine blaue Mädchenkiefer (*Pinus parviflora*) mit den sichelförmig gekrümmten Nadeln, die sich an den Zweigenden wie Quasten häufen, wird von Jahr zu Jahr fortwachsend irgendwann das Terrassenareal mit bizarrem Geäst prägen. Im Fortgehen will der Fuß mit Bedacht gesetzt sein in dieser Miniaturwelt. So auf den Boden hin orientiert, ist man gleichsam selbst zum Schrumpfen verurteilt.

Einsetzender Regen und monoton fallende Tropfen, die sich zu Rinnsalen fügen, sind der Anlaß, festzustellen: Auch die Vegetation bewegt sich gleichsam fließend vom Haus weg. Ein stilisierter, trockener Bachlauf aus hellem Kies, in eine Mulde gelegt, bekräftigt diesen Eindruck. Bambus und Gräser, auch sie fließend bewegt. Lediglich eine riesige Blutbuche, die man dem Gartengelände nicht zurechnen würde, gebietet Halt.

4000 Quadratmeter groß ist das Gartengelände, und wo man das Ende wähnt, weitet der Garten sich erneut – zu einer Moorwiese. Inmitten dieser Wiese liegt ein Teich mit ruhigem Wasserspiegel. Wie überraschend, dann an der Grundstücksgrenze erneut ans Fließen erinnert zu werden, durch das Flüßchen Schwentine, das, halbwegs vom Schilfsaum verborgen, eilig der Ostsee zustrebt. Vom jenseitigen Ufer, weiter entfernt, blickt Gut Rothensande, weiß und verschlossen, herüber. Ganz nah kommt verhaltenes Entengeschnatter aus den Binsen.

Die Frage drängt sich einem förmlich auf: Wie bewerkstelligt Julia Freese es, so gegensätzliche Welten wie Japan und Schleswig-Holstein im eigenen Garten ästhetisch in Einklang zu bringen? Japanisch inspiriert in der Gestaltung zeigen sich lediglich die nahe dem Haus gelegenen Gartenteile. Dort, ähnlich wie in japanischen Gärten, herrschen wenige, aufeinander abgestimmte Pflanzen vor. Und die Mehrzahl davon ist immergrün.

An den Rändern des Bächleins im Karesansuistil, dem Trockenlandschaftstil, wachsen Trupps von Bergenien (*Bergenia*), die in hübschem Kontrast stehen zu den Blatttrichtern der Bartiris (*Iris germanica*) und den grasartigen Horsten der Wieseniris (*Iris sibirica*). Apropos Iris, hier in Freeses Garten gibt es eine ganze Menge davon, darunter auch die feuchtigkeitsliebenden japanischen Arten *Iris ensata* (früher *kaempferi*) und *Iris laevigata* sowie die heimische Sumpfiris (*Iris pseudacorus*). Im Mai jedoch, wenn die Azaleen in Vollflor sind, reibt man sich angesichts des Farbspektakels die Augen. Besonders wenn das deftige Karminrosa der Sorte 'Kermesina' die Gartenszene beherrscht. Doch es finden sich noch andere Rhododendren (die Azaleen zählen botanisch zu den Rhododendren), so rotblühende Repens-Hybriden und Sorten von *Rhododendron russatum* in mannigfaltigem Violettblau.

Thymianflächen haben den Stellenwert schwellender japanischer Mooskissen. Julia Freese hat herausgefunden, daß Thymianpölsterchen der rechte Ersatz sind, um eine Steinlaterne gestalterisch herauszustreichen. Moospolster waren im hiesigen Klima in Trockenzeiten immer verbrannt. Der Japanische Feuer-Ahorn (*Acer japonicum*) findet sich in der ornamentalen Form 'Aconitifolium' mit geschlitzten Blättern wie in der sanftgelben, doch empfindlichen Schmuckform 'Aureum'. Von den Japanischen Fächerahornen (*Acer palmatum*) sind die Sorten 'Atropurpureum' mit roten Blättern, die kräftige 'Osakazuki' und 'Dissectum' mit filigranartigen Blättern vorhanden. Welche Schau im Herbst, wenn sie allesamt ihre prächtigen Blattverfärbungen in gelben, glühend orangen und roten Tönen zeigen. Immergrüne Strukturen und Eleganz gewährleistet Bambus, so *Phyllostachys nigra* mit aufregend dunklen Halmen, *Phyllostachys aurea* mit hellgrünem Laub und *Phyllostachys flexuosa* mit gefleckten Halmen. Als Bodendecker dient Buschbambus (*Arundinaria variegata*) mit seinem niedrigen Blattdickicht. An Staudengräsern verwendet Julia Freese Sorten des Chinaschilfs (*Miscanthus sinensis*), so auch die reichblühende Sorte 'Silberfeder'.

Eine Überleitung in den naturnahen Gartenteil und zur Landschaft bewerkstelligt Julia Freese durch heimische Gehölze: Durch Hasel (*Corylus*), Erle (*Alnus*), Birke (*Betula*) und Weide (*Salix*). „Ich frage mich stets, was die Pflanze will und danach, was ich selbst will und versuche, dies miteinander zu verbinden", erklärt sie. Sie beläßt den Pflanzen ihre eigene Weise, läßt sie sich aussähen und selbst verbreiten. Sie pflanzt diejenigen, die gut gedeihen, in größerer Menge, weil sie Mühe und Arbeit ersparen helfen. Eine bemerkenswerte Pflanze, die in ihrem Garten für auffällige Blattkontraste sorgt, ist die Pestwurz (*Petasites japonicus*). Sie lenkt den Blick sofort auf sich und kündet mit Riesenblättern an, daß der Boden genügend feucht und nahrhaft ist. Auf der Moorwiese blühen Kuckuckslichtnelken (*Lychnis flos-cuculi*), Knabenkräuter (*Dactylorhiza*), Wiesenschaumkraut (*Cardamine pratensis*). Anspruchsloser Wurmfarn (*Dryopteris filix-mas*) und Becherfarn (*Matteuccia struthiopteris*) gedeihen prächtig an den Gehölzsäumen.

Jeder Schritt auf der Moorwiese provoziert ein Nachbeben. Wer noch nie über Moorboden gegangen ist, zeigt Erstaunen. Julia Freese ist vertraut mit dem schwankenden, nassen Boden, hat sich mit der Lage versöhnt und begreift, daß Feuchtgebiete mit speziellem Tier- und Pflanzenleben wertvoll sind. Freilich, wenn es zuweilen wochenlang geregnet hat, gestaltet sich der Rundgang durch den unteren Garten zum Balanceakt auf scheibenförmigen Holzsegmenten, die man jeweils vor sich her ins stehende Wasser setzt. Auch der Wind macht sich zuweilen unbeliebt, besonders der Ostwind, wenn er eiskalt über die geliebten Japanahorne herfällt und sie bräunt.

Der Teich in der Moorwiese wird bevölkert von Wasserschlauch (*Utricularia vulgaris*), Seerosen (*Nymphaea*), Sumpfiris (*Iris pseudacorus*), Wasserhahnenfuß (*Ranunculus aquatilis*). Die Uferränder sind von Binsen (*Juncus*), Ampfer (*Rumex*) und Weiden geprägt. Toll ist es mit den Weiden, man braucht nur im Oktober eine Gerte in den moorigen Boden zu stecken, und schon wächst ein neues Exemplar heran. Neben unterschiedlichen heimischen Weiden sei hier besonders die Drachenweide (*Salix sachalinensis* 'Sekka') mit den kurios abgeflachten und hin- und hergewundenen Zweigen erwähnt.

Julia Freese hat früh A. Seiferts „Gärtnern ohne Gift“ gelesen. Sie hat ihre Kompostwirtschaft danach ausgerichtet und mulcht mit anfallendem Material, mit Fallaub im Herbst und mit geschredderten, holzigen Abfällen. Selbst die Grasmahd verwendet sie als Mulchdecke in den Gehölzbereichen. Sie arbeitet durchweg alleine im Garten. Gelegentlich helfen Söhne und Ehemann bei der Rasenpflege.

Manchmal entspringen die Impulse zum Handeln aus Kümmernissen. Plötzlich fangen die altvertrauten Erlen an abzusterben. Sie weiß, daß das Absterben durch unterschiedliche Faktoren bewirkt wird, über die sie keine Kontrolle hat. Doch sie ist unglücklich darüber, denn die bedrohte Umwelt, das ist immer auch das bedrohte Selbst. Dies war ein Anstoß, um aktiv im Bund für Umwelt und Naturschutz mitzuhelfen.

Besonders die Pflege der landschaftstypischen Knicks ist ein regionales Anliegen dieser Organisation. Julia Freese ist sich bewußt geworden, daß eigenes Agieren im Garten nicht isoliert von den Dingen ringsum gesehen werden darf, daß jedermann Verantwortung trägt. Doch darüber hinaus gilt für sie der Leitsatz der Zen-Philosophie: „Vollkommenheit ist überall, wenn wir sie nur erkennen wollen.“

Das Gartenareal fügt sich gut in die norddeutsche Landschaft. An seinen Säumen wachsen Hasel, Erlen, Birken und Weiden. Eine prächtige Blutbuche gibt dem Raum einen gewichtigen Akzent. Ihr purpurn getöntes Laub erfährt Variation durch Bluthasel und Ahorne. Die Moorwiese zeigt sich im jahreszeitlichen Flor von Wiesenschaumkraut, Kuckucksblumen und Butterblumen zuweilen lila, rosa und gelb durchwirkt. In der Sumpfzone am Teichrand wachsen unterschiedliche Binsen und Rohrkolben, Kalmus, Fieberklee und Weiden.

Gruppen niedriger Bartiris (oben) säumen das Trockenbachbett. Die blockartigen Holzstufen an der Terrasse werden von immergrünen Schleifenblumen (rechts) flankiert, die sich im Frühjahr blütenübersät geben. Die Übergänge vom stilisierten Gartenbereich am Haus zum entfernteren Gartenareal sind natürlich überwuchert (großes Bild). Im Laubschatten der Haselsträucher gedeiht eine expansionsfreudige Pflanzengesellschaft: Die Pestwurz erheischt nach früher Blüte mit ihren riesigen Blattschirmen Aufmerksamkeit, Vergißmeinnicht und Gundermann finden in den Ritzen der Steintreppe wie des Pflasterweges zusagende Pflanzplätze, Maiglöckchen und Wurmfarn haben sich die Wegsäume längst erobert.

Das Trockenbachbett im Karesansui-Stil (links) wird umspielt von frühsommerlichem Laub und auffälligen Blüten. Blutbuche, Ahorn und Berberitze bescheren dunkelpurpurne Hintergründe. Die Wieseniris blüht. Und die Mädchenkiefer prangt in neuem Trieb. Am Rande einer Rasenlichtung gewinnen Königskerzen an Höhe, und jenseits davon stehen die Rhododendron-Hybriden im Vollflor.

Die Schmuckform der Teichsimse *(Scirpus lacustris* 'Albescens') wächst im flachen Wasser dieses kleinen Teichs zur stattlichen Höhe von anderthalb Metern heran (oben). Die Pflanze eignet sich zur Befestigung von Teichufern.

Im Sommer sind die immergrünen Höckerchen des Lavendel übertürmt von aromatischen Blüten.

Vom Holzdeck vor den Wohnzimmerfenstern bieten sich malerische Ausblicke (rechts). Die unmittelbare Umgebung wird geprägt durch Kieselsteine, das Linienspiel des Bambus wie anderer Gräser, die zu unterschiedlicher Jahreszeit im Blühen oder Gilben Akzente setzen. Im Pflanzkübel eine Variante des Neuseelandflachs *(Phormium tenax* 'Variegatum'), die mit auffällig gesäumten Blattspreiten den Vordergrund beherrscht.

1 Wohnhaus
2 Altes Gartenhaus
3 Japanischer Garten
4 Grillplatz
5 Teich
6 Erlen-Weiden-Hain
7 Flüßchen
8 Wiese
9 Kräuter und Gemüse
10 Rasen
11 Terrasse
12 Pergola
13 Sandkuhle

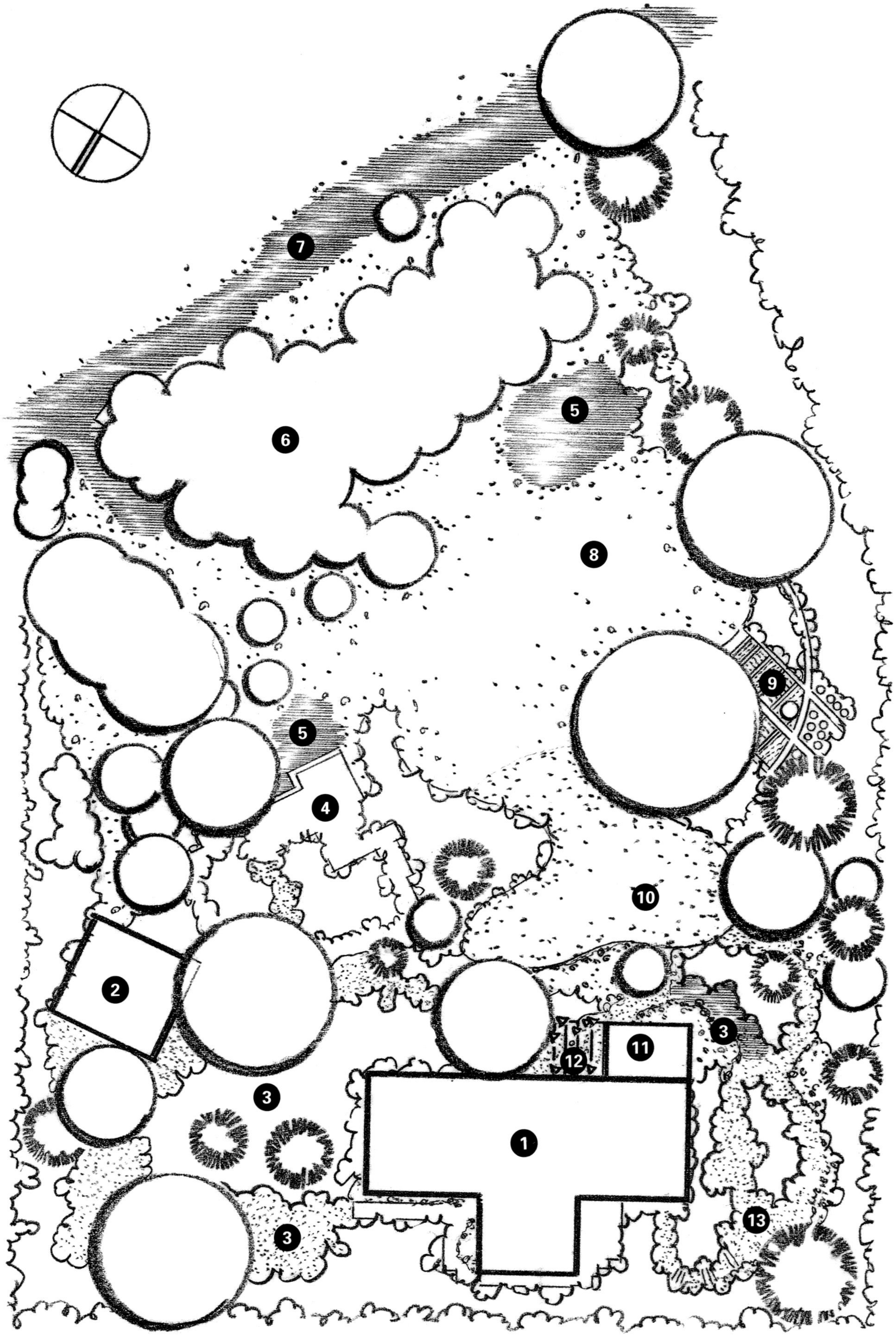

Die ostasiatischen Einflüsse auf westliche Gartenkultur

Seit der Beschreibung eines chinesischen Gartens durch den Jesuitenpater Attiret (1749), der einen Teil seines Lebens am Hof von Kaiser Ch'ien verbrachte, übt Fernöstliches unwiderstehlichen Zauber und Faszination aus, hat es in unterschiedlicher Weise westliche Kultur beeinflußt. Der Versuch Friedrichs II. von Preußen, die Seidenraupe hierzulande heimisch werden zu lassen, Voltaire, der China als Land der Weisheit pries, die europäischen Könige, die prestigeträchtige Porzellansammlungen anlegten – das erinnert noch an die Chinamode des 18. Jahrhunderts. Doch davor gab es ja schon Marco Polo! Denn alles, was man bis zum 18. Jahrhundert über China wußte, basierte auf seinen Schilderungen aus dem 14. Jahrhundert. Im 16. Jahrhundert kamen durch die Holländisch-Ostindische Kompanie der Tee und ostasiatische Kunst, Lackmöbel und vor allem das Porzellan nach Europa. Spät im 19. Jahrhundert hatten die Impressionisten die „art japonais" entdeckt: Chinesische Landschaftsmalerei und japanische Farbholzschnitte gaben der bildenden Kunst Anstöße.

In seinem Essay „Discourse on Oriental Gardening" (1772) rühmt William Chambers: „Die chinesischen Gärten nehmen sich die Natur zum Vorbild und sind bestrebt, alle ihre reizvollen Unregelmäßigkeiten nachzuahmen." Von den Pavillons chinois der Barockgärten über die Pagoden in den Parks des englischen Landschaftstils bis hin zur Miniatur der Bonsais – immer wieder erliegen wir der stilisierten „Natürlichkeit" asiatischer Gartenkunst.

Im letzten wie in diesem Jahrhundert kamen unendlich viele Pflanzen nach Europa. China und Japan, das waren die Paradiese der Pflanzensammler. Die neuen Wild- wie auch Gartenpflanzen, die Funkien, Lilien, Kirschen, Pfingstrosen, Rhododendren in unsagbarer Fülle, sie prägten entschiedener noch das Aussehen heutiger Gärten, als zuvor der Einfluß hochentwickelter Gartenkulturen Ostasiens selbst dies zu tun vermochten.

Anlage und Gestaltung der Gärten in China basierten auf einem philosophischen Hintergrund, dem Taoismus. Die universale Kraft, die allem zugrunde liegt, wird als Tao bezeichnet. Unter Tao, wörtlich „der Weg", versteht man auch den Sinn und das Gesetz. Der Mensch soll mit der Natur eins sein, ein Teil von ihr, dann lösen sich in seiner Existenz alle Widersprüche. Das Anerkennen, das Hinnehmen eines steten Wandels der Welt und ihrer Existenzweisen bringen den Chinesen Gelassenheit allen Wechselfällen des Lebens gegenüber. Die Anhänger des Taoismus verstehen die Welt als ein dynamisches Gefüge von Zusammenhängen. Die polaren Gegensätze, die einander bedingen, nennen sie Yin und Yang.

Kiefern spielen im japanischen Garten eine bedeutsame Rolle. Durch beständigen, kunstfertigen Schnitt werden sie in bestimmter Form gehalten.

Yin, das Weibliche, das Rezeptive steht für Dunkles, für Wasser, für die Erde und den Mond. Yang, das Männliche, beschreibt die Sonne, das Licht, die Felsen und die scheinbare Stärke. Die Idee vom Wirken der beiden Prinzipien aufeinander prägt das chinesische Denken. Nur in der Ausgewogenheit der Kräfte können Friede, Gesundheit und Glück gewährt sein. In einer sich stetig wandelnden Welt muß also Harmonie immer erneut durch Anpassung gestaltet und gesucht werden. Die Philosophie des Tao war zunächst nur eine ethische Weltbetrachtung, frei von personifizierten Gottesvorstellungen. Doch gemäß der Lehre von Yin und Yang wandelte sich der abstrakte Begriff zum Kernstück einer kultreichen Volksreligion.

Seit mehr als zweitausend Jahren gibt es in China Beschreibungen von Gärten. Diese Anlagen sind abwechslungsreich und gegensätzlich, dem Yin-Yang-Prinzip verpflichtet. Das Grundmotiv des chinesischen Gartens, die große, zentrale Wasserfläche zwischen Felsen, kann als Abbild der Welt gesehen werden. Alle Gartenschöpfungen hatten immer auch teil an einer Welt der Imagination. Lyrik, Malerei und Gartenkunst standen einander nahe und beeinflußten sich gegenseitig. Für Chinesen ist in einem einzelnen Felsstück gewissermaßen der ganze Kosmos geborgen, es repräsentiert das Gebirge, von dem es gebrochen ist. In ihm kann sich alle Kraft und Wildheit der Natur vereinen und zum Ausdruck gelangen.

Steinlaterne und Schöpfbecken finden sich häufig in japanischen Gärten. Hier sind sie zu einer Gruppe rotblättriger Fächerahorne und Kurume-Azaleen gestellt.

Ganz anders als in westlichen Gärten mit der Vorliebe für Grünendes und Blühendes beherrschen bei den Chinesen Steine die Gartenwelt. Seit alters galt den Gebirgen liebende Verehrung, lagerten doch die „Unsterblichen" auf felsigen Höhen. Dunkel, traumhaft und rätselvoll, so empfand zum Beispiel der französische Schriftsteller Paul Claudel, die Anhäufung unterschiedlichster Steine in chinesischen Gärten, und anderen westlichen Betrachtern ging es meist ebenso. Das eifrige Sammeln von Steinen entspricht uralter Tradition.

Ähnlich differenziert wie das Sammeln selbst gestaltet sich auch das Bearbeiten und die Kombination bearbeiteter Steine. Dem taoistischen Ideal gemäß vermag solch Gefüge an Steinen, der besänftigten, ruhigen Erscheinungsform des Wassers gegenübergestellt, in höchster Konzentration die Wildheit und Erhabenheit der Bergwelt auszudrücken. Man schichtet die Felsstücke so übereinander, daß sich viele Hohlräume mit einem malerischen Wechsel von Licht und Schatten ergeben. Zu geheimnisvollen Grotten und aufragenden Gipfeln getürmt, können Mond, Wolken und Wasser dann die Vollendung schenken. Gleichwohl gibt es die Möglichkeit, einen einzelnen Stein an isolierter Stelle darzubieten, vor einem Gebäude etwa, um dessen Natur gesteigert und hervorgehoben zum Ausdruck zu bringen.

Vortrefflicher als in bewegter Form ist der glatte, ruhige Wasserspiegel, der so auf das Perfekteste den sanften Yin-Aspekt zur Geltung bringt. Das Anpassungsvermögen an vorgegebene Hohlräume wird wertgeachtet, und es steht im übertragenen Sinn für ein Sichfügen in eine vorgegebene Situation ohne Charakterverlust. Der Wasserspiegel wird obendrein geschätzt, um malerische Gegebenheiten zu reflektieren, etwa um eine halbkreisförmige Brücke in der Spiegelung zum Vollkreis zu schließen, um so ein Symbol des Mondes und der Vollkommenheit zu präsentieren. Wasserflächen in dicht besiedelten Stadtarealen sollen Tiefe und Ferne beschwören und die Schönheit davorstehender Gebäude widerspiegeln. Bäche von geringer Länge vermögen vorzutäuschen, daß sie von Hügeln, von weither herangeflossen kommen. Häufig auch werden statt einer großen mehrere kleine Wasserflächen nach dem Prinzip „teile und mehre" dargeboten. Architektonisches wie Brücken, Mauern, Pavillons sind an den Gewässern so plaziert, daß durch jede Richtungsänderung die einzelnen Sektionen an den Teichen oder Bächen veränderte Ansichten bieten. Einen Garten zu gestalten, das wird im Chinesischen durch die sinngemäße Umschreibung „Teiche aushöhlen, um damit Hügel aufzutürmen" ausgedrückt. Fontänen gab es zunächst in China nicht, denn diese aufgezwungene Erscheinungsform bringt das Element Wasser dazu, „unnatürlich“ zu sein. Einige wasserspeiende Spielereien in den kaiserlichen Gärten des Landes sind späte Reminiszenzen an europäische Gartentraditionen.

Die chinesische Gartenkunst hatte einen starken Einfluß auf die Entwicklung der japanischen Gärten. Die Lehren des Taoismus, die in Japan seit dem 13. Jahrhundert in Form der Zen-Lehre vertieft wurden, zielten durch geübte Meditation auf Erkenntnis innerlicher Wahrheit, die sich nur durch das Begreifen von Gegensätzen erlangen ließ. Gärten waren gewissermaßen ein stimulierendes Hilfsmittel der Zen-Erkenntnis.

Aus einem Zen-Ritual entwickelte sich die Teezeremonie, die aufzuzeigen vermochte, daß gleichwohl auch in den Dingen des Alltäglichen sich Großes zu bergen vermag. Die Wartehalle, in der die Gäste empfangen werden, der Teegarten und der Teeraum selbst mit seiner Ausstattung, sie sollen Schlichtheit und Klarheit vermitteln, die aus kultivierter, künstlerischer Überlegung erwächst. An diesem Gesamtkunstwerk haben Architektur, Gartenkunst und Blumenkunst, unterschiedliche Werke des Kunsthandwerks gleichermaßen ihren Anteil. Sie schaffen ein kultiviertes Umfeld für das nach gewissen Regeln vollzogene Ritual des Teetrinkens. Alles Laute und Aufdringliche, das von der eigentlichen Zeremonie ablenken könnte, wird vermieden und äußert sich besonders in der Erscheinung der verwendeten Dinge und in ihrer Bezogenheit aufeinander. Der roji (Teegarten) mit Steinlaternen und Schöpfbecken ist zweckentsprechend gestaltet. Er ist meist Teil eines größeren Gartens, und seine Struktur entspricht der eines Gartenpfades.

Ganz anders die Meditationsgärten. Man durchschreitet sie nicht, sie dienen – ähnlich wie ein Tuschbild – dazu, vom Haus aus betrachtet zu werden. Die Meditationsgärten innerhalb der Tempelkomplexe, häufig Binnengärten oder Gartenhöfe, sind meist im Trockenlandschaftstil („Karesansui“) gehalten. Der Karesansui-Stil begann sich im 12. Jahrhundert zur eigenständigen Gartenform zu entwickeln, von einem Teichgarten zu einer Art Steingarten, in dem Bachläufe und Teichflächen lediglich durch Steinsetzung und Kiesflächen anschaulich gemacht werden. Solche Gärten bieten auf wenigen Quadratmetern Landschaftskulissen, in denen Steinfigurationen ganze Inselgruppen und geharkte Kiesflächen das Meer versinnbildlichen. Je nachdem, wie die Steine gruppiert sind, können sie Unterschiedliches ausdrücken: eine Stromschnelle innerhalb eines Flußlaufes, einen Wasserfall oder eine Bergformation.

Mit der Bambuskelle begießt man sich die Hände bei der rituellen Waschung während der Teezeremonie.

Die Gärten im Trockenlandschaftstil finden im Westen besonders lebhafte Bewunderung. Die Reduktion auf Wesentliches, das Abstrahieren der Einzelelemente, die Wahl weniger bestimmter Materialien, dies alles zeigt für viele Bewunderer und Nachahmer Bezüge zur modernen abstrakten Kunst auf. Europäische wie amerikanische Gartengestalter rühmen die „Natürlichkeit“ japanischer Gärten, die aus genauer Planung, Beobachtung und einem entschiedenen Kunstwillen erwächst. Die wesentlichen Merkmale japanischer Gärten sind: asymmetrische Harmonien, Wasserflächen in komplizierter Formgebung, die unterschiedliche Landschaftsaspekte bieten, und ein kleines Pflanzensortiment. Die wenigen, häufig immergrünen Gehölze sind obendrein aus gestalterischen Gründen formend beschnitten. Blühende Pflanzen sind willkommen, doch mehr als jahreszeitlicher Höhepunkt denn als ein dauerhafter Dekor.

Der Garten eines Pflanzensammlers

Japanprimeln, Astilben und rechts im Bild der amerikanische Sumpfkohl *(Lysichiton americanus)* mit Riesenblättern schätzen allesamt Feuchtigkeit im Boden wie in der Luft. Hier säumen sie einen künstlichen Bachlauf. Jenseits des Gartens streckt sich das Raakmoor. Den Rhododendren, den Heidegewächsen und den vielen Farnen gefällt der Moorboden im Garten und läßt sie prächtig gedeihen.

Die Damen in hellen Sommerkleidern, Irisblüten, Tassengeklapper, eifriges Kommen und Gehen und dazu noch Sonnenschein: der alljährliche Tag der offenen Tür im Mai in Denkewitz' Garten in Hamburg. Die Mitglieder der Gesellschaft der Staudenfreunde kennen das Szenario. Lothar Denkewitz vertritt ihre Interessen in Hamburg. Das traditionelle Beisammensein im Garten ist oftmals ein florales Happening wie auch eine Informationsbörse.

Lothar Denkewitz ist Lehrer. Wenn jemand sagt, er sei ein anerkannter Iriszüchter, stimmt das ebenso wie die Behauptung, er sei Farnspezialist und Buchautor. Vor allem aber ist er ein Pflanzenliebhaber, ganz außer Frage ein begabter.

Ähnlich wie mit der Person ergeht es einem mit dem Garten. Man kann ihn als Ort sehen, an dem sich mannigfaltiges tierisches und pflanzliches Leben kundtut. Man kann ihn als Sammlung seltener Pflanzen bewundern oder als einen hübschen Hausgarten, der Werkstatt und Gärtnerei in einem ist. Denkewitz' Garten ist ein Abbild seiner Liebe zu den Pflanzen, in dem sich die wandelnden Vorlieben, die Erkenntnisse aufzeigen und den Garten verändern, ihn anders verändern, als die Summe aneinandergereihter Jahre einen Garten heranreifen lassen. Seinen Garten an derzeitigen äußerlichen Gegebenheiten schildern zu wollen ist legitim, doch es wäre dann nur ein terminierter Zustandsbericht, denn der morgige Tag bringt neue Entdeckungen und Planungen. „Immer wenn ich was Neues kennengelernt habe, war ich voll von neuen Plänen, den Garten umzugestalten." Ja, meist hat Lothar Denkewitz es dann auch getan.

Er ist in seiner Liebe zur Pflanze kindlich unbekümmert und hat die Gabe, all die Freude jetzt zu genießen, die eine kleine Zeder irgendwann schenken wird. Er sieht an ihr die Höhen des Libanon und hört die Schwingen der Reiher, die in den Zedern wohnen. Er spricht von einem Rhododendronsämling, der nicht viel größer ist als ein Spatz, wie vom Urvater einer kommenden Rhododendronfamilie. Gesegnet diese Imagination!

Wen sollte es dann wundern, wenn tausendfünfhundert Quadratmeter letztendlich zu klein geraten und zu eng bemessen sind für so eine Liebe? Zu klein für die Pflanzen der Regenwälder Ostasiens, zu klein für Betätigungsdrang und Erkundungswillen.

Seinen Garten hat er seit 1955. Er liegt nur zweihundert Meter entfernt vom Elternhaus. Wildes Moor heißt die Straße, in der sich Haus und Garten finden. Und wild ist es drumherum tatsächlich. Das Hamburger Naturschutzgebiet Raakmoor liegt buchstäblich vor der Gartentür, ein herrliches Feuchtgebiet mit Bruchwald und Sumpf. Den rückwärtigen Gartenteil trennt vom angrenzenden Ackerland eine immer höher und breiter werdende Mauer aus Rhododendren und ein paar Nadelbäumen. Denkewitz ist mit der Landschaft ringsum von klein auf vertraut, hat sie immer schon bestaunt und in ihr einige Pflanzen, Schätze für den Garten, gefunden. Ein Großteil der Findlinge, die nunmehr am Hang der Gartenterrasse lagern, hat er als Heranwachsender gesammelt und per Handwagen in den elterlichen Garten geschafft, um ein Alpinum damit zu bauen. Später karrte er sie ein weiteres Mal in den eigenen Garten. Er war, wie er selbst von sich sagt, ein „Kerl mit breitem Kreuz", der keine Anstrengung scheut. Mit dem Vater zusammen hat er Spargel, Erdbeeren und Kartoffeln angebaut, hat in einem Erdgewächshaus Blumen und Gemüsesämlinge herangezogen. So wurde sein Sinn für Botanisches wie Gartenbauliches schon frühzeitig durch Beobachtung geschult.

In den sechziger Jahren hat er das Gartengelände modelliert, die Wege gebaut, einen Teich gegraben, und er fing an, Gehölze zu sammeln. Sein Stolz ist ein Mammutbaum (*Sequoiadendron giganteum*). Er hat diesen kalifornischen Nadelbaum 1962 gepflanzt. Damals war er ganze 30 cm hoch, nun mißt er zwanzig Meter, und sein Stammumfang an der Basis beträgt zweieinhalb Meter. Vor dem Haus wachsen eine Flußzeder (*Calocedrus decurrens*), eine Atlas-Zeder (*Cedrus atlantica* 'Glauca'), eine Serbische Fichte (*Picea omorika*) und die Gemeine Kiefer (*Pinus sylvestris*).

Der Garten ist in drei Einheiten geteilt. In dem großen Vorgarten finden unter den genannten Gehölzen viele Stauden und Zwiebelblumen ihren Lebensraum. Dort ist auch der Teich. An den seitlichen Hängen der tiefgelegenen Garagenzufahrt finden sich rare Sammlerstücke: alpine Pflanzen unterschiedlicher Regionen, kleine Zwiebelblumen, Miniaturgehölze und Farne. Der Terrassenbereich seitlich des Hauses könnte als abgesonderter, eigenständiger Bereich gesehen werden. Doch die Bepflanzung an einem künstlichen Bachlauf ist der Bepflanzung am Teich wesensgleich. Man findet in dem halbschattigen Bereich laubreiche Stauden und Gehölze, die Feuchtigkeit und Humus schätzen. Die trockenheitliebenden Pflanzen im unmittelbaren Terrassenbereich werden allmählich dem Schattendruck der herangewachsenen Gehölze unterliegen.

Das Areal hinter dem Haus ist den Aktivitäten der Familie und der Gastlichkeit gewidmet und dahinter, nur von einer Palisadenwand getarnt, liegt der Anzuchtgarten. In ihm wachsen die unterschiedlichsten Aussaaten heran, werden Pflanzen gekreuzt, selektiert und vermehrt.

Die IGA 63 in Hamburg und ganz besonders das Tal der Schwertlilien, vom Gartenarchitekten Karl Plomin so hinreißend gestaltet (dieser Gartenteil im Park von Planten un Blomen existiert leider nicht mehr), waren ein Erlebnis, das Lothar Denkewitz stimulieren konnte, es selbst mit der Iriszucht zu versuchen. Er bekam Saatgut von Dr. Peter Werckmeister geschenkt, der in den fünfziger und sechziger Jahren dazu beitrug, die moderne Bartiris als Gartenstaude populär werden zu lassen, und selbst auch bemerkenswerte Sorten züchtete.

Ein Jahrzehnt später, auf der IGA 73 – ebenfalls in Hamburg –, machte ein Sämling aus der Zucht von Denkewitz Furore: eine zweifarbige Irishybride, eine wunderschöne Blume in Blau-Weiß, die er 'Alstersegel' nannte. Auf dieser Gartenbauausstellung sah man außerdem Hybriden der niedrigen Bartiris (*Iris x barbata* 'Nana'), die aus Kreuzungen der hohen Bartiris mit *Iris chamaeiris* hervorgegangen waren, und die früher blühen als die hohen Hybriden. Die Sorten des englischen Züchters John D. Taylor hatten es Lothar Denkewitz besonders angetan und ihn bewogen, selbst diese Gruppe der Bartiris züchterisch zu bearbeiten. Es entstanden neue, kleine Hybriden, die sich durch bessere Konstitution auszeichneten. Sie ertrugen atlantisches Klima besser als vergleichbare amerikanische Sorten. Für einen weinroten Sämling, den er zu Ehren seiner Frau 'Karin Denkewitz' benannte, erhielt er erstmalig in Wien eine Goldmedaille. Viele seiner Sorten reflektieren in ihren Namen Norddeutsches oder Hamburgisches, sie heißen 'Jan Maat', 'Bodderlecker', 'Sankt Pauli', 'Stintfang'. Es sind zauberhafte kleine Blumen, die auch in Amerika beachtet werden.

Darüber hinaus hat Denkewitz noch anderes züchterisch bearbeitet, Lilien und Rhododendren. So hat er eine Rhododendronhybride des deutschen Züchters Dietrich Hobbie durch Einkreuzen des gelbblühenden *Rhododendron wardii* und der Hybride 'Duke of York' weiterentwickelt zu Sämlingen mit gelb-orangefarbenen Blütentönen. Auch hat er sein züchterisches Glück an der Heide versucht. Er wollte Hybriden der Glockenheide jeweils gekreuzt mit der Winterheide, der Grauheide und der Wimper-Heide züchten. Es war ein irrwitziges Manöver. Mit einer Nagelschere hat er die weiblichen Staubblätter an den Blüten entfernt, um die Selbstbestäubung auszuschließen. Die Kultur stand dann noch auf dem Fensterbrett, um eine Fremdbestäubung zu vermeiden. Aus der Kreuzung mit der Grauheide sind zwei Sämlinge mit überraschender Färbung erwachsen. Einer war zinnoberrötlich überlaufen, der andere zeigte, was man an Heide noch nicht gesehen hatte, ein samtiges Dunkelrot. 'Riko' und 'Samtpfötchen' heißen sie nun. Die genetische Prüfung steht noch aus; doch erregt die revolutionäre Kreuzung schon englische Gemüter.

Von Kindesbeinen an schätzt er Farne. In der Zeitschrift der Gesellschaft der Staudenfreunde, „Der Staudengarten", findet sich unter dem Titel „Leidenschaft" die Erzählung, wie er durch ein Zigarettenalbum, ein Geschenk seines Onkels, als Junge die Augen geöffnet bekam für den Königsfarn. Es war ein „Königsfarn mit goldenen Sporenwedeln vor dunkler Waldkulisse" und „Liebe auf den ersten Blick". Die begehrte Pflanze entdeckte er dann „tatsächlich keinen Kilometer von unserem Garten entfernt". Doch die eigentlich sensationelle Entdeckung machte er, als er zusammen mit der Mutter nach dem Krieg „Kartoffel stoppeln" fuhr. Er fand einen herrlich roten Königsfarn (*Osmunda regalis* 'Purpurascens'). Es kam, wie es kommen mußte. Nachdem das Kleinod mit „viel, viel schwarzem Torf aus unserem Moor" geneigt war, im Garten weiterzuwachsen, fanden sich alsbald von diesem Farn Protallien (Vorkeime) im erwähnten, feuchten Erdgewächshaus. Und so finden sich nicht nur im Raakmoor, sondern auch in den Gärtnereien unseres Landes diese Königsfarnkinder. Das größte „Kind" steht als zwei Meter hoher „Empfangschef" an der Eingangspforte zum Garten. Dabei ist es nicht geblieben. Im Garten wachsen viele Farne, die aus Gebieten zwischen den Alpen und Skandinavien stammen, ja selbst in Fernost sind einige beheimatet. Sie allesamt sind nicht sonderlich anspruchsvolle Gartenpflanzen. Lediglich ein gewisses Maß an Feuchtigkeit in der Wachstumsperiode ist vonnöten. Einige der Arten erfreuen noch, wenn das Laub von den Gehölzen gefallen ist und bleiben in milden Wintern ein grüner Gartenschmuck. Hier seien besonders die unterschiedlichen Sorten von Rippenfarn (*Blechnum*), Tüpfelfarn (*Polypodium*) und Schildfarn (*Polystichum*) genannt.

Einem Besucher wird zu unterschiedlichen Jahreszeiten immer etwas geboten werden, das zu bestaunen ist. Es mag sein, daß man gekommen ist, den Flor der kleinen Bartiris zu erleben und dann so nebenbei ein blühendes Exemplar von *Corydalis cashmeriana* entdeckt, einen Lerchensporn, dessen Enzianblau so überraschend und rein wirkt. Daß die Pflanze ein ausgesprochenes Sammlerstück ist, bleibt nebensächlich. Überraschend ist die Konfrontation mit der unbekannten Pflanze. Hier kann man zuweilen allerneueste Irishybriden aus Amerika sehen oder kostbare Narzissensorten, die allenfalls nach Jahrzehnten erst in jedermanns Garten sich einfinden werden. Manchmal ist es diese Unbekümmertheit, die einem Staunen abverlangt, wenn zum Beispiel blühender Lerchensporn (*Corydalis solida*) purpurne Schleier unter die Decksträucher bringt und von dort aus in angsterregender Dichte sich zwischen seltenen Primeln (*Primula*) und Baumpaeonien (*Paeonia suffruticosa*) breitmacht.

Davor schon gebärden sich die Schneeglöckchen ähnlich. Beim eingehenden Studium der Pflanze erst entdeckt man Unterschiede. Das Schneeglöckchen bietet sich in unterschiedlicher Gestalt dar. Es blüht gefüllt, hat gelbe oder grüne Markierungen, breitere Blätter als die gewöhnliche Art oder zeigt sogar die grünen Markierungen auf allen Kronblättern. Da sind rühmenswerte Hybriden wie die elegante 'Atkinsii', die 'Warham' oder 'Straffan', die später als die anderen erblüht und sogar einen zweiten Blütenstiel offeriert, wenn sie es gut hat.

Es liegt nahe, daß man sich für Heide zu interessieren beginnt, weil sie so typisch für norddeutsche Landschaften ist. Lothar Denkewitz bietet in seinem Buch „Heidegärten“ eine Fülle an Heidearten und Heidekrautgewächsen neben vielen Ideen, damit gestalterisch umzugehen. Bei ihm gab es immer auch ein kleines Moor zu bewundern, das er sich selbst durch Folieneinlage baute, immer mal an anderer Stelle, denn der Garten wird durch die Gehölze zunehmend schattiger. In seinem Moor ließ sich Sonnentau (*Drosera*) und Sumpf-Läusekraut (*Pedicularis palustris*) beobachten und manchmal sogar der Amerikanische Frauenschuh (*Cypripedium reginae*) mit rosa-weißen Blüten bestaunen. Es gibt im Garten immer noch vier Typen der Gränke oder Rosmarinheide (*Andromeda polifolia*) neben anderen nässeliebenden Gewächsen.

Lothar Denkewitz hat Freude an den Pflanzen, er findet Vergnügen, wenn er seine Spezialerden mischt. Schmuddelwetter, was soll's, das gehört eben zu Hamburg. Es gefällt den Rhododendren, den Farnen. Und wenn Lothar Denkewitz sich ein Feuerchen gemacht hat, um hinterm Haus auf dem gepflasterten Thingplatz ausgelichtetes Geäst zu verbrennen und, „wohlig erhitzt von der nahen Glut“, den Abendjumbo der Lufthansa dem nahen Flughafen zugleiten sieht, findet er: „Junge, ist das Leben herrlich!“

Das Wuchern des Sumpffarns *(Thelypteris palustris)* wird ihm in diesem Garten nachgesehen. Die hellgrünen Wedel des Farns sind an Teichrändern und im Sumpfbeet zusammen mit Gräsern, wie hier mit der feuchtigkeitsliebenden Zypergras-Segge *(Carex pseudocyperus)*, hübsch anzusehen.

Diese Iris-Hybride der Barbata-Elatior-Gruppe (oben) wurde von ihrem Züchter 'Eishauch' genannt. Die hohe Sorte zeichnet sich neben der verfeinerten Färbung durch ihre Wüchsigkeit aus.
'Royal Banner' (rechts), eine Sorte der Japaniris, will es im Sommer feucht haben im Gegensatz zu den nebenstehenden Sorten der Bartiris. Ihr Purpurblau wird durch das typische gelbe Saftmal besonders gesteigert.
Dieser Bartiris-Sämling (großes Bild) aus Denkewitz'scher Zucht zeigt eine reizvolle Farbkombination, dennoch bleibt ihm ein Sortenname verwehrt, weil die Blütenform noch zu wünschen übrig läßt.

Der Neuaustrieb braungefiederter fertiler Wedel des Zimtfarns (oben) erheischt Aufmerksamkeit vor der Rhododendron-Hybride 'Purple Splendour'.

Das frühsommerliche Blätterensemble erinnert an ein William Morris-Muster (großes Bild), links beginnend mit *Diplazium sibiricum,* das kaum zu unterscheiden ist vom Straußfarn *(Matteuccia struthiopteris)* in der Mitte. Dazwischen finden sich noch sich entrollende Blattspreiten von der Hirschzunge *(Phyllitis scolopendrium)* und blaugrüne Blätter der *Dicentra eximia* 'Alba'.

1 Solitärfarne
2 Folienbeet mit Farnen
3 Kleiner Farnhang
4 Teich
5 Irisbeete
6 Private Iriskollektion
7 Rhododendronberg
8 Wiese mit Frühjahrsblühern
9 Stauden

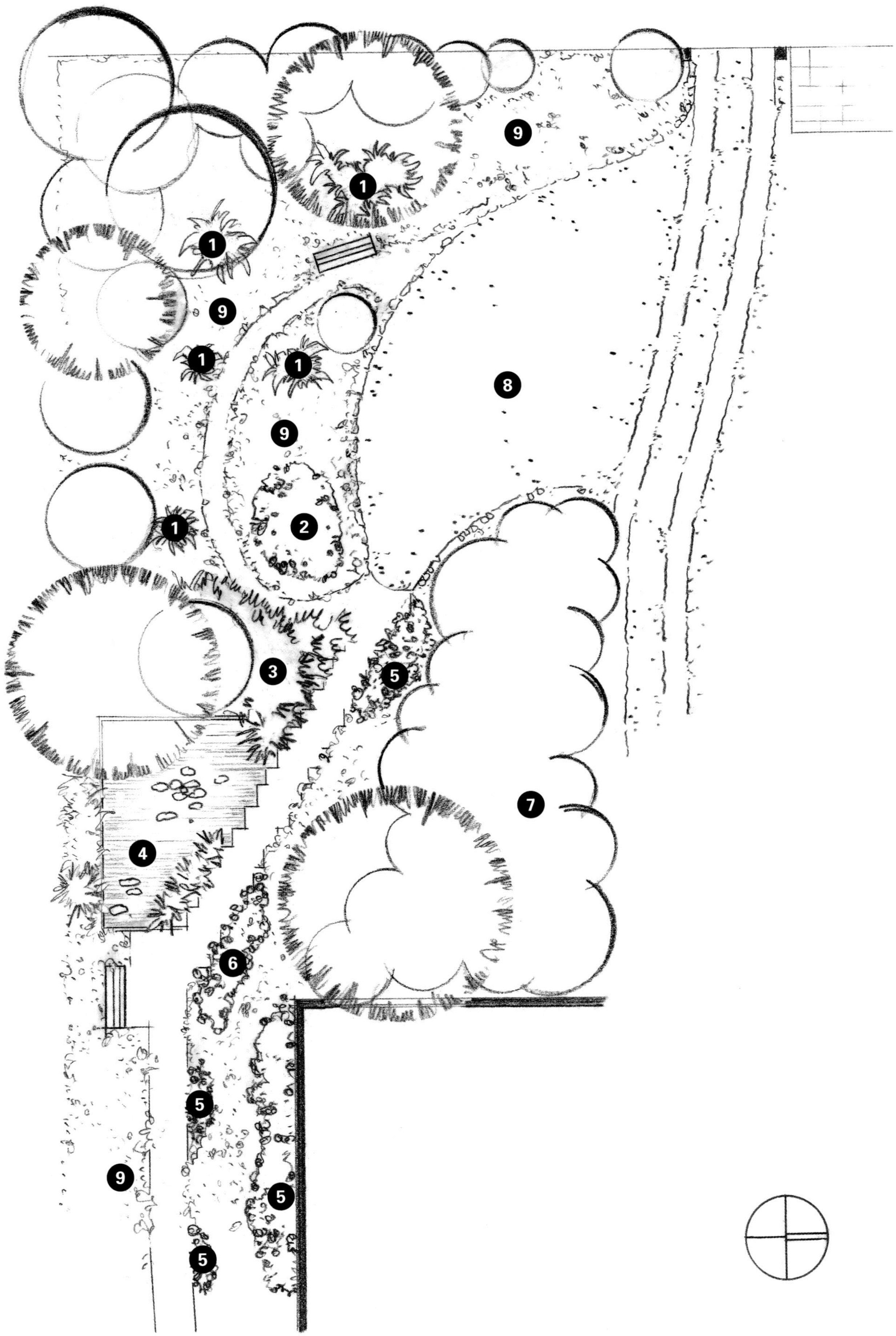

Eine Auswahl empfehlenswerter Iris für Hausgärten

Immer noch ist die zweitonig-violette Schwertlilie der Bauerngärten bemerkenswert mit ihrem helleren Dom, jenen drei inneren, seidigen, nach oben geschwungenen und den dunkleren, hängenden Blütenblättern, die wie Samt schimmern. Jeden Mai ist die uralte europäische Kulturpflanze treu zur Stelle und blüht mit den Pfingstrosen. Ihre Rhizome, die dicken, flachen Wurzelsprosse, hat man früher in Wein gesotten und für allerlei medizinische Zwecke gebraucht. Die weiße Florentiner Iris (*Iris germanica* var. *florentina*), deren getrocknete Wurzeln nach Veilchen duften und die auch Veilchenwurz genannt wurde, wird in Italien immer noch für kosmetische Zwecke verwendet.

Auf den Blumenbildern der Niederländer, bei de Heem, Rachel Ruysch, Bosschaert, kann man alle möglichen Iris zusammen mit Zentifolien (*Rosa centifolia*), Aurikeln (*Primula auricula*) und Akeleien (*Aquilegia*) bewundern. Sie tauchen in der Heraldik auf. Auch die „Fleur de lys", die Wappenblume der französischen Könige, ist keine Lilie, sondern eine Iris. Noch in den fünfziger Jahren fanden sich häufig an den Bahnwärterhäuschen die graugrünen, vertrauten Schwertfächer. Wenn die Pflanzen nicht gerade in Blüte standen, wurde weiter keine Notiz von ihnen genommen. Die Wurzelsprosse, die immer ein wenig an Krebse erinnern, drängten sich dicht an dicht in staubtrockenem Boden. Zur Zeit des Jugendstils gab es ein paar Dutzend Sorten, und sie fanden auch Anklang. Iris zierte Bildteppiche, Glasfenster oder Kacheln in den typischen schwingenden Linien des Jugendstils. Das Irisieren der berühmten Gallé-Vasen erinnert an die Beschaffenheit der Blüten.

Doch erst das erwachende Interesse der Amerikaner an der Pflanze machte aus der geschätzten, europäischen Gartenblume so etwas wie einen floralen Superstar. Durch gezielte Kreuzung nach dem Krieg entstanden viele aufregende Züchtungen. Dank veränderter Chromosomensätze sind die Blüten größer geworden, und an jedem Stiel sitzen mehr Einzelblüten als zuvor. Die hängenden Blütenblätter, amerikanischem Geschmack entsprechend, schweben nunmehr fast waagerecht. Die Oberflächenstruktur zeigt nach wie vor das seidige Glitzern und den samtigen Schimmer, doch die Blütentöne wurden bis auf reines Rot tatsächlich in der Variation des Regenbogens aufgefächert, den man der Pflanzen ja seit alters zuordnet. Iris ist die Göttin des Regenbogens. Es gibt heute Sorten, in denen die Farbigkeit so geläutert ist, daß man getrost von Blau reden kann. Man

'Blue Denim' ist eine Sorte der frühblühenden Nana-Gruppe der Bartiris. Sie macht sich hübsch zu niedrigem Sedum, Semperviven und Tulpen.

bewundert rötliche Kupfertöne, zimt- und tabakfarbenes Braun. Da ist grünlich und bläulich getöntes Weiß, reines Gelb, Gold, frisches Zitronengelb und orangegelbes Apricot. Das Violett ist bis zum Samtschwarz vertieft. Ganz neuartig und sensationell sind blaurosige wie lachsrosige Tönungen. Nicht genug, die Bärte – der Streifen feiner Härchen auf den Blütenblättern wird so genannt – zeigen sich in kontrastierenden Tönen, orange, braun, gelb oder blau. Es gibt mittlerweile mehr als 20 000 registrierte Sorten. Leider sind die allerneuesten, amerikanischen Züchtungen sehr anspruchsvoll geworden. Sie vertragen das kühlere Klima hierzulande nicht gut, blühen spärlicher und sind anfälliger für Pilzerkrankungen. Es ist ratsam, sich beim Einkauf an die Empfehlungen der Staudengärtner zu halten. Die englischen und deutschen Züchtungen vertragen unsere Sommer besser.

Neben der Gruppe der Hohen Bartiris (Barbara-Eliatior-Gruppe) gibt es die Barbata-Media-Gruppe, die nicht so hoch wird und sich als standfester erweist. Sie blüht auch früher. Die Klein-Iris (Barbata-Nana-Gruppe) bildet reichblühende Horste. Durch die Neuzüchtungen der letzten Jahre ist das Farbspiel enorm erweitert worden. Die Blütezeit liegt sehr früh, meist blühen sie zusammen mit Tulpen.

Iris sibirica (oben) schätzt feuchte Standorte. Hier ist sie zu Farnen, Pestwurz und Waldmarbel gesellt. *Iris sibirica* 'Elfe' (rechts) ist wüchsig und reichblütig. Sie kann ähnlich wie die Ursprungsart in naturnahen Pflanzungen verwendet werden.

Möglicherweise werden in wenigen Jahren erneut die alten, unverwüstlichen diploiden Sorten zu begehrten Sammlerstücken wie die historischen Rosen. Sorten, wie die weißen 'Cliffs of Dover' und 'Lugano', die blaugesäumte 'Kitty Reuthe', die braune 'Louvois', die zweitonig blaue 'Rheintraube' finden sich noch, oder schon wieder, in den Verkaufslisten. Bartiris wollen es sonnig und trocken haben, besonders in den Sommermonaten nach der Blüte. Sie machen sich gut vor Strauchrosen, zusammen mit silbrigen Kräutern der Mittelmeerregion, wie dem Heiligenkraut (*Santolina*), der Weinraute (*Ruta graveolens*), dem Lavendel (*Lavandula angustifolia*), mit trockenheitliebenden Gräsern wie dem Blaustrahlhafer (*Helictotrichon sempervirens*), den Palmlilien (*Yucca*), mit gelben Junkerlilien (*Asphodeline*) und blauem Lein (*Linum*), mit Sonnenröschen (*Helianthemum*) und Nelkenpolstern (*Dianthus*). Die kleinen, frühblühenden Bartiris passen gut in den Steingarten, zum Schafschwingel (*Festuca ovina*), zu sukkulenten Pflanzen wie den Fetthennen (*Sedum*), der Hauswurz (*Sempervivum*) und zu schwellenden Thymianpolstern (*Thymus*).

Die Sorten der Wieseniris (*Iris sibirica*), die frischeren Boden bevorzugen, sind sehr empfehlenswerte Gartenpflanzen. Auch sie sind in den letzten Jahren züchterisch bearbeitet worden, und es gibt eine Reihe wunderschöner Sorten, die größere, kompaktere Blüten haben, in gesteigertem Violettblau, in Hellblau, rötlichem Violett und Weiß. Die Hängeblätter werden durch eine gelbe Zone oder durch weiße Äderung zusätzlich geschmückt. Das Laub der grasartigen Büsche hält sich gut. Sie passen zu Azaleen, zu asiatischen Primeln am

Teichrand, zu frühblühenden Taglilien und zu staudigen Pfingstrosen.

Iris chrysographes, eine Iris aus Westchina, steht der Wieseniris nahe. Die samtigen, schwarzvioletten Blüten mit dem gelben Saftmal sind bemerkenswert und möglicherweise als ein dramatischer Farbakzent zwischen hellrosa Strauchrosen willkommen.

Im Juni blüht die Pflaumeniris (*Iris graminea*), und auch sie blüht leider nur kurz. Die geaderten, hellvioletten kleinen Blüten duften nach Pfirsichkompott. Die Laubbüsche sind

gesund und grazil, und sie passen gut zu großblättrigen Funkienhybriden.

Die Sorten der *Iris spuria*, die nach der Bartiris Ende Juni, Anfang Juli blühen, sind stattlich. Sie können anderthalb Meter hoch werden. Die Blüten sind elegant, mit deutlich zurückgebogenen Hängeblättern. Sie geben sich mit normalem Gartenboden zufrieden, brauchen aber einen vollsonnigen Standplatz. Das vertraute Lavendelblau der Art wurde durch Selektion und Kreuzen aufgefächert. So gibt es Sorten mit rötlich purpurnen oder braunen Blüten mit gelbem Saftmal oder gelber Aderung, sowie gelbe, graublaue, hellviolette, weiße Blüten mit blauer, brauner oder gelber Aderung.

Die gelben und kupfrigbraunen Sorten passen gut zu reinblauen Blumen wie Rittersporen (*Delphinium*) und Ochsenzungen (*Anchusa*). Sie passen auch zu anderen warmgetönten Blüten, zu Ginster (*Genista*), zu knalligen Lilienhybriden, zu Nelkenwurz (*Geum*) und Nachtkerzen (*Oenothera*). Die Sorten blauvioletter Grundtönung passen gut zu Rosen,

zum Wiesensalbei (*Salvia pratensis*), zu frühblühenden Taglilienhybriden und zum Storchschnabel (*Geranium*) in unterschiedlichen Arten. In die Gruppe der Spuria-Iris gehört auch *Iris monnieri*, eine Hybride mit strahlenden, reingelben Blüten und *Iris orientalis* 'Gigantea', mit reinweißen, gelbgezeichneten Blüten. Besonders *Iris orientalis* mit ihren steifen, schwertförmigen Blättern, die über einen Meter hoch wird, paßt ausgezeichnet zu Strauchrosen.

Ausgesprochene feuchtigkeitsliebende Iris sind *Iris ensata* (früher *kaempferi*), die Japaniris (*Iris laevigata*), *Iris versicolor* und die heimische Sumpfiris (*Iris pseudacorus*). Die Japaniris will es nur im Sommer feucht haben, im Winter hat sie es lieber trocken, was sich nicht ohne weiteres bewerkstelligen läßt. Doch wächst sie auch zufriedenstellend in frischem Boden, nur kalkfrei muß er sein. Die Farben variieren vom Purpur zum Violett, vom Blau zum

Iris 'Daylight Splendour' (links) ist eine Züchtung aus der Elatior-Gruppe der Bartiris, die einen vollsonnigen und gut drainierten Standort braucht. *Iris spuria* 'Landscape Blue' (oben) ist eine der neuen Hybriden mit verbesserter Blütenform und verfeinertem Farbspiel. Sie braucht wie alle Spuria-Iris nährstoffreichen Boden und Sonne.

Ein Reihenhausgarten

Die erste Maihälfte bringt hervorquellendes Grün und lebhafte Tulpenfarben, gelegentlich sogar schon Apfelblüten. Die roten und gelben Tulpenkelche zeigen hier gleichsam den Rahmen zum Gärtnern auf: Sie stehen am Grenzsaum zu den Nachbarn. Der Mangel an Platz wurde nicht zum Hemmnis, er hat dazu geführt, Neues zu erproben.

Stellen Sie sich vor, Sie müßten alles, was Sie im Garten so brauchen, durch Ihr Wohnzimmer tragen, Torf, Sand, Dünger und Pflanzen. Das genau ist die Situation, die Martha und Alain Federer sich angewöhnt haben zu ertragen.

Ihr Reihenhausgarten hat keinen Zugang von der Gartenseite. Nur viereinhalb Meter Breite mißt das Grundstück vor der Terrassentür, an seinem Ende sind es mehr. Die Form erinnert an einen langstieligen Spatel. Insgesamt ist der Garten dreihundert Quadratmeter groß. Federers leben in Hamburg-Eidelstedt. Ein Bahndamm begrenzt das hintere Ende des Gartens. In regelmäßigen Intervallen fährt der Vorortzug nach Pinneberg vorbei. Ein vorbeisausendes graues Etwas, mehr nimmt man für gewöhnlich von ihm gar nicht wahr. Die Pappeln, die am Fuß des Dammes standen, wirkten wie eine Art Vorhang, indem sie hinter den aufstrebenden Ästen die Wirklichkeit verbargen. Doch sie wurden vom Pilz ereilt, eine nach der anderen, und mußten schließlich allesamt gefällt werden. Mittlerweile ranken starkwüchsige Kletterrosen an einem Gerüst, die irgendwann den gleichen Effekt erbringen sollen. Alain Federer lobt: „'Bobby James' schlägt alle Rekorde. Sie blüht schon aus der Spitze eines vier Meter hohen Feuerdorns."

Alain Federer war dankbar und glücklich, das Reihenhaus 1977 in Hamburg erwerben zu können. Es bot ihm, dem gelernten Gärtner, der als Druckerei-Fachmann in der riesigen Stadt zu arbeiten anfing, die Möglichkeit, den ersehnten Garten gleich vor der Tür zu haben. Ein paar Teehybriden und ein paar Apfelbäume in Buschform waren erstes gärtnerisches Zeugnis. Darüber hinaus hatte Federer frühzeitig Gefallen an sukkulenten Pflanzen gefunden, schon als Teenager fing er an, Kakteen zu sammeln. Er wurde Mitglied in der Deutschen Kakteengesellschaft. Wohin nur mit der mittlerweile stattlich angewachsenen Pflanzen-Kollektion? Ein Kleingewächshaus im Garten, halb in den Boden eingelassen, um Heizkosten zu sparen, löste dann dies Problem.

Wo sich nunmehr schmale Gärten reihen, Streifen an Streifen, war ehedem ein Mühlteich gelegen, den man nach dem Krieg mit Bauschutt füllte und mit einer anderthalb Meter dicken Schicht Lehm abdeckte. Der Lehm gibt sich im regenreichen Hamburger Klima oftmals klebrig und kalt. Die Drainage läßt zu wünschen übrig. Doch was Federer in die Erde stopfte, es gedieh. Er, der nun Obst, Gemüse, Schnittblumen kultivierte, bekam Appetit, nie zuvor gesehene, seltene Pflanzen zu ziehen.

Da gab es die Ära der Lilien. Alain Federer besuchte den Bruder in den USA. Dort sah er Lilien an den Naturstandorten. Er sah aber auch die funkelnden, prächtigen Hybriden, die seit den fünfziger Jahren entstanden waren und in den Gärten von Freunden blühten. Er war so beeindruckt von dieser königlichen Blume, daß er anfing, auch sie zu sammeln, und sie in den Garten pflanzte, wo immer dies überhaupt möglich war. So versuchte er, wie schon den unterschiedlichen Ansprüchen von Orchideen und asiatischen Primeln, auch den Lilien gerecht zu werden: durch Kultur in versenkten Plastikgefäßen. In Erinnerung blieb dem Autor ein Besuch in den achtziger Jahren. Ein geheimnisvolles Päckchen war zuvor erst aus Japan angekommen. Es barg eine Zwiebel der Goldbandlilie (*Lilium auratum* var. *platyphyllum*). Bemerkenswert daran war auch die Verpackung: wundersam gefälteltes Japanpapier und ein fremdartig dekoratives Etikett. Sie mutete so kostbar an, daß man die Zwiebel eigentlich der orientalischen Umhüllung gar nicht entreißen mochte. Im darauffolgenden Sommer hat dann die Lilie auf mannshohem Schaft ihre Blüten prunken lassen und ist dann, leider, vor Erschöpfung dahingestorben. Alain Federer hat 120 verschiedene Lilien, Spezies wie Hybriden, im Garten gehabt. Viele Lilienhybriden erschöpfen sich schnell, wenn sie nicht regelmäßig verpflanzt und geteilt werden. Dies schließlich war der Grund dafür, daß er sich jetzt mit wenigen zufrieden gibt.

Die meisten Pflanzen, die Alain Federer in den Garten setzte, erwiesen sich als zu starkwüchsig und zu groß. Für Federer war der Garten alsbald kläglich klein. Der Besuch einer Bonsai-Ausstellung war wie ein Fingerzeig: Er würde weiterhin seiner Pflanzenliebhaberei frönen können – nur in anderem Maßstab. Er sollte sich bald im Dschungel zwergiger Pflanzenreichtümer verlieren. Mit einem Taschenbuch, wenigen Gehölzsämlingen und speziellen Erdmischungen fing er an, die Kunst zu üben, durch beständige Fürsorge eine Pflanze mit ihrem Kulturgefäß zu einer ästhetischen Einheit verschmelzen zu lassen und ihre natürliche Schönheit aufzuzeigen. Das Endziel ist immer, Bäume zu kultivieren, die zwar klein sind, die aber doch alle Phänomene des Reifens und Alterns aufzeigen.

Der kleine Hang an der Terrasse wurde mit Steinen so ausgestaltet und gegliedert, daß dort in speziellen Nischen unterschiedlichste Pflanzen leben können: Eriken (*Erica*), Azaleen (*Rhododendron*) und Herbstenziane (*Gentiana sinoornata*) im sauren Medium, Steinbreche (*Saxifraga*), Nelken (*Dianthus*), Zwergiris in kalkhaltigem Erdreich. Es versteht sich, daß all diese Pflanzen im Kleinformat bevorzugt werden. Federer ist immer auf der Suche, auch nach denjenigen Pflanzen, die seinen kühlen Lehmboden schätzen, und er versucht, Miniaturformen zu finden: von Akeleien, Astilben, Anemonen, Funkien, Primeln.

Durch seinen Vater, einen Gehölzfachmann, der besonders Miniaturgehölze zu veredeln wußte, lernte er „Hexenbesen" wertzuschätzen. Keine Sorge, wir wollen hier nicht ins Okkulte abdriften. Als Hexenbesen bezeichnet man echte Miniaturformen von Gehölzen, Mutationen, die aus verschiedenen Gründen vom normalen Wuchsbild abweichen. Meist sind es

Als wir an einem Oktobertag den gekrümmten Rasenweg entlanggingen, um die Schätze in Augenschein zu nehmen, gab es Assoziationen über anstehende Arbeiten. „Ich muß die Bonsais einpacken." Er meinte damit, daß er die Ballen während des Winters in Laub und Torf einfüttert, damit die Pflanzen auch bei Frost das Wasser verdunsten können. Vorsichtig bahnten wir unseren Weg am Steingartenhang entlang, denn allzu leicht wird dort ein Kleinod durch einen falsch gesetzten Fuß in Bedrängnis gebracht. Irgendein Gebrummel über Amseln war kaum zu vernehmen gewesen. An der Miene allein war zu ermessen gewesen, daß es nichts Freundliches war, also wurde nicht weiter nachgefragt. „Sieh an, die Christrose hat sich gemausert, die wird aber blühen." Und die Entdeckung hat den Ärger über die Amseln beiseite zu drängen vermocht. Selbstkritisch bemerkte er, während sein Blick wohlgefällig auf einem Kissen von *Geranium dalmaticum* ruhte, daß er ganz gewiß die Drainage unterm Steingarten besser ausbauen würde. Na ja, andere Rosen, die hätte er dann natürlich auch.

Eine zwergige Wacholdersäule gibt der Miniaturlandschaft bestimmenden Akzent. Rechts daneben breitet eine Scheinzypresse *(Chamaecyparis pisifera* 'Squarrosa Dumosa') ihre Zweige aus. Im Vordergrund fällt 'Dahms Typ' von *Juniperus communis* mit neuen Trieben auf, umgeben von rosablühender *Saponaria olivana* (links) und *Allium narcissiflorum* (rechts). Links dahinter blüht *Geranium cinereum* 'Ballerina'.

Eine Gehwegplatte, 50 x 70 Zentimeter groß, ist die Basis dieses Tischgärtchens. Es wird umgrünt von *Spiraea japonica* 'Danish Gold', von *Asarum europaeum* und *Erica carnea* 'Golden Fleece'. Im Zentrum des Gärtchens thront ein Hexenbesen von *Pinus mugo* 'Mops', umgeben von *Primula auricula* und *Primula marginata.* Die Sorten von *Saxifraga paniculata* sind am Verblühen. *Armeria juniperifolia* steht im rosigen Vollflor. Auf dem Gipfel sonnt sich rotblättriges *Sedum album* 'Coral Carpet'. Rechts auf der „Anhöhe" steht noch *Ulmus davidiana* 'Frosty', die jedoch hiesige Winter nicht vertrug.

Der Hang an der Hausterrasse ist das Verbindungsglied zum Garten. Er wurde zu einer Art Alpinum ausgestaltet, in dessen unterschiedlichen Nischen nicht nur alpine Pflanzen Heimatrecht haben. Sogar ein Miniteich hat Platz gefunden. Im Bild sind rosarot blühende Kurume-Azaleen und die Repens-Hybride 'Scarlet Wonder'. Blaugrünblättrige Impeditum-Hybriden komplettieren die Auswahl an kleinwüchsigen Rhododendren. Rechts hat die Küchenschelle silbrige Saatstände, und links am Bildrand ist *Smilacina racemosa* mit weißen Blütenständen zu entdecken. Im Wasser wächst *Carex gracilis* und *Hippuris vulgaris*.

Semperviven (oben) bilden mit der Zeit geschlossene Kolonien. Die Arten kreuzen sehr leicht untereinander; eine Vielzahl unterschiedlichster Hybriden ist dadurch entstanden.
Die Büschelglocke *(Edraianthus dalmaticus)* stammt vom Balkan (rechts). Sie liebt Sonne, steinigen Boden und Kalk.
Hier sind die Sorten des kleinkugeligen Spinnwebdachwurz *(Sempervivum arachnoideum)* großrosettigen Hybriden benachbart (großes Bild). Da wetteifern grünrosettige Pflanzen mit mahagonifarbenen Spitzen mit rotrosettigen Pflanzen, deren Spitzen und Blattränder sich grün geben. Hinzugesellt: hellgelbe *Linaria vulgaris,* eine rosafarbene *Centaurea simplicicaulis* und blauviolette *Campanula garganica.*

1 Gemüse
2 Rosenbögen
3 Kompost
4 Stauden
5 Rasen
6 Steinbeete
7 Gewächshaus
8 Apfelbäume
9 Kletterrosen und Klematis
10 Tröge
11 Miniteich
12 Steingarten

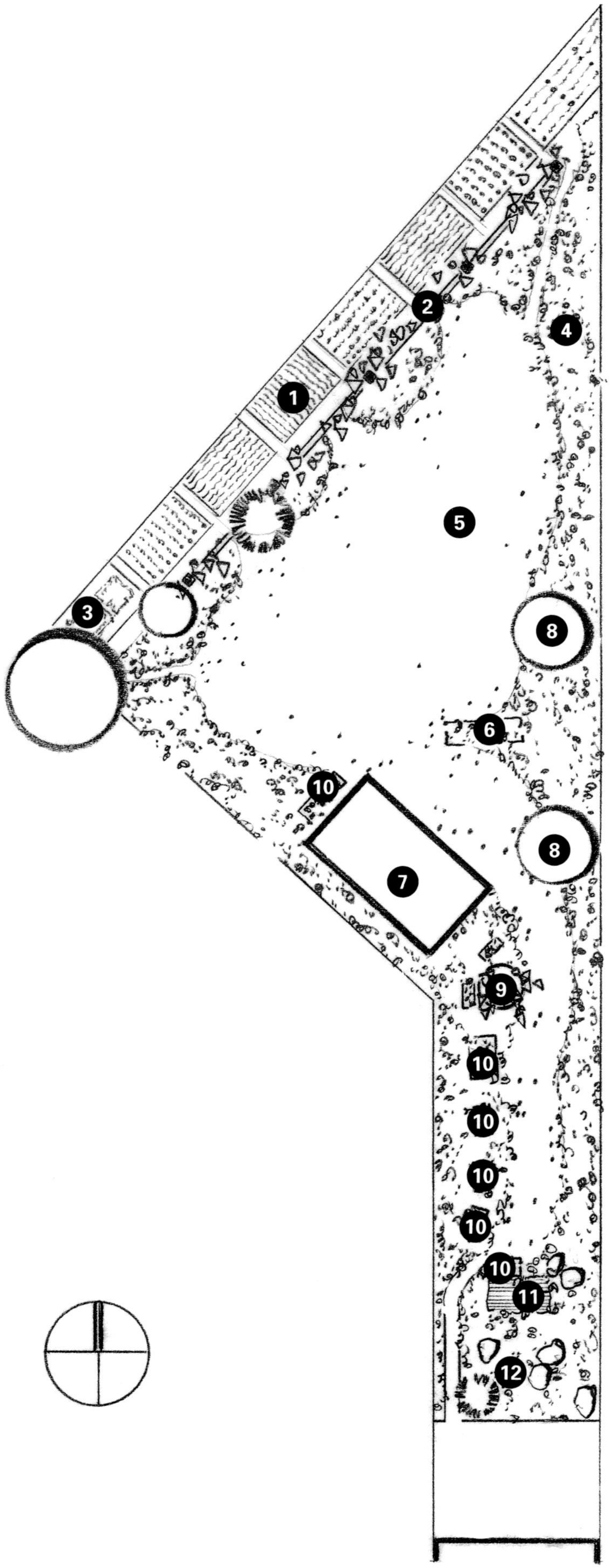

Pflanztröge, eine Form des alpinen Miniaturgartens

Im letzten Jahrzehnt fand der mit alpinen Gewächsen bepflanzte Trog immer mehr Anhänger. Ihren Ursprung hat diese Variante des Gärtnerns in Großbritannien. 1923 zeigte Clarence Elliott, Gärtner und Liebhaber alpiner Pflanzen, auf der berühmten Chelsea Flowershow erstmalig in ausrangierten, steinernen Futtertrögen und Ausgußbecken seine Kollektion alpiner Pflanzen. Die Idee wurde sofort begeistert aufgenommen und fand Nachahmer.

In den fünfziger Jahren wurden viele Futtertröge ausrangiert, und es war leicht, schöne Sandstein- und Granittröge auf dem Land zu finden. Diese Steintröge sind seltene Sammlerstücke geworden. Mittlerweile gibt es auch aus Kunststein gefertigte Repliken alter Tröge, und es gibt alle möglichen trogartigen Pflanzgefäße aus Keramik und Holz. Darüber hinaus kann man passende Tröge selbst aus sogenanntem Torfbeton fertigen.

Als Mischung wird 1 Teil Zement auf 2 Teile groben Sand und 1 bis 2 Teile Weißtorf empfohlen. Je höher der Torfanteil, desto weniger haltbar ist das Endprodukt. Ein größerer Sandanteil ergibt eine gut strukturierte Oberfläche, mindert aber gleichfalls die Dauerhaftigkeit. Man kann als Gußform zwei ineinander gestellte, stabile Pappkartons verwenden, so daß zwischen den Pappwänden ungefähr 5 Zentimeter Abstand verbleibt. Für kleine Tröge mag dies genügen; die Pappwände werden dem Druck der feuchten Mischung standhalten. Eine leichte Verformung beim Endprodukt ist durchaus reizvoll. Für größere Tröge sollte man eine stabile Holzkiste oder eine selbstgefertigte Gußform aus Holz verwenden. Als Kern dienen sandgefüllte Pappkartons oder zurechtgesägte Styroporblöcke. Auf eine glatte Unterlage legt man einige Schichten Papier oder ein Stück Folie. Darauf steht die Außenform, in die man in der gewünschten Bodendicke (mindestens 5–7 Zentimeter) die angefeuchtete Mischung bringt und sie gut verdichtet. Die Abzugslöcher werden mit Rundholzsegmenten oder dicken Korken, die man auf den Boden legt, eingeplant. Danach wird der Styroporkern oder der sandgefüllte Karton eingebracht, und die Seiten werden mit der Mischung aufgefüllt. Die Mischung wird mit einem stumpfen Holzteil verdichtet. Das Gußwerk soll abgedeckt ungefähr 36 Stunden Zeit haben, sich zu setzen und auszuhärten. Danach kann man die scharfen Kanten mit einem alten Messer oder Meißel brechen, um sie „natürlicher" erscheinen zu lassen, und die Oberfläche mit einer Stahlbürste strukturell zu bearbeiten. Nach zwei oder drei Tagen des Nachtrocknens kann man den Trog transportieren, und nach einer Woche läßt er sich bepflanzen.

Auf geschützter Terrasse sind unterschiedliche Miniaturgehölze und Stauden mit dekorativen Steinen in der Form eines Tischgartens zur reizvollen „Landschaft" vereint.

Die Ausstrahlungskraft alpiner Pflanzen liegt im Detail. Kein Wunder also, daß man sie dem Auge nahezubringen trachtet, sie auf erhöhte Terrassenbeete des Steingartens pflanzt oder sie sogar in Töpfen auf Stellagen zu halten versucht – besonders jene mit schwieriger Kultur. Steingartenpflanzen und Behälter können zu einer schmückenden Einheit gebracht werden, in der Trog und Pflanze einander gegenseitig herausstreichen. Es gibt für Anfänger genügend leicht zu kultivierende Pflanzen der Gebirgsregionen, die sehr hübsch sind und für eine gewisse Zeit eigenen Ansprüchen genügen. Den Fortgeschrittenen, deren Augen durch langjähriges Beobachten geschult sind, werden die willig gedeihenden Alpinen nicht mehr genügen. Sie wird es reizen, Seltenes zu kultivieren und mit „schwierigen" Pflanzen Erfolg zu haben.

In der dünnen Höhenluft der Gebirgsregionen ist die UV-Strahlung wesentlich stärker. Das Sonnenlicht hat dort eine andere

Ein prächtiger Bauerngarten

Die Rose 'Bonica 82' hat zu Recht den Ehrenplatz im Rondell, ist sie doch winterhart, wüchsig und obendrein resistent gegen die üblichen Rosenkrankheiten. Weißer und blauer Rittersporn, gelbe Lupinen, Wiesenraute und rosige Spornblumen ergänzen den frühsommerlichen Rosenflor. Sie geben diesem Bauerngarten seinen jahreszeitlichen Höhepunkt. An den geklinkerten Gartenpfaden blüht und fruchtet noch vieles mehr.

Nirgendwo sonst sind die Bauernhäuser so proper wie im Oldenburgischen. Fährt man über die geraden Landstraßen, sind die großen, gepflegten Häuser auch gar nicht zu übersehen. Sie haben riesige, herabgezogene Dächer, denen der Westwind kaum etwas anzuhaben vermag, wie sehr er auch vom Herbst an daran rüttelt. Und immer ist auch Blumenschmuck vor diesen Häusern oder zumindest gibt es ein paar ehrfurchtgebietende, groß gewordene Rhododendronsträucher. Ziel einer Fahrt durchs Oldenburger Münsterland ist ein Bauerngarten.

Der Besitz von Maria Berges, Hof „Averesch", liegt in der Nähe von Cloppenburg. Daß wir die Auffahrt verfehlen und uns auf „inoffizieller" Zufahrt dem Haus nähern, tut dem „ersten Eindruck" keinen Abbruch. Im Gegenteil: Eine endlos lange Hainbuchenhecke ist Hinweis, sich auf veränderte Maßeinheiten einzustellen. Und wie erwartet, ist dann auch alles, Haus, Hof, Stallungen und Garten, groß und weiträumig. Freilich, wären wir der Auffahrt gefolgt, dann hätten links und rechts uralte Eichen und Rhododendren nachhaltiger aufgezeigt, was zu erwarten ist. Die Familie der Maria Berges bewirtschaftet einen Betrieb von annähernd hundert Hektar Nutzfläche. Trotz notwendiger Spezialisierung findet sich hier immer noch die altvertraute bäuerliche Welt.

Das Land Oldenburg wird weltweit seiner Pferde wegen gerühmt. Auch im Oldenburger Münsterland wird die Veredelungszucht betrieben, aus der jene berühmten Hengste kommen, für die wahre Vermögen bezahlt werden. Durch Vererbung garantieren diese Hengste ihren Nachkommen, sich im Turniersport behaupten zu können. Neben anderer Nutztierhaltung werden auf Hof „Averesch" auch erstklassige Reitpferde für alle Zwecke aufgezogen.

Das Wohnhaus und die mächtig herangewachsene Linde an seiner Seite wurde 1813 erbaut bzw. gepflanzt. Der Eindruck großzügiger Geborgenheit, den das Haus vermittelt, wird in der Küche durch einen alten, voluminösen Herd bekräftigt. Mit gußeisernen Ornamenten und blanken Messingknöpfen ist er geradezu ein Sinnbild für „heimischen Herd" und jene Wärme, die aus dem vertrauten Miteinander einer großen Familie und ihrer Helfershelfer erwächst.

Ehe es hinaus in den Garten geht, zu Kürbissen und letzten Blumen im Jahr, vermögen schon die Äpfel aus diesem Garten, im Mürbeteig geborgen, das Interesse auf sich zu ziehen. Der Apfelkuchen der Maria Berges ist das lukullische Glanzlicht des späten Septembertages. Maria Berges war wenig mehr als zehn Jahre alt, als sie sich im weitläufigen Garten ihrer Mutter nützlich zu machen begann. Ein bißchen „Pädges schuffeln", mit der Blatthacke die Gartenpfade vom leidigen Unkraut befreien, das tat man gerne samstags, und dabei erledigte man natürlich auch sonstige Gartenarbeiten.

Sie fand bald heraus, daß ihr der Umgang mit Pflanzen Spaß bereitete. Heute muß man von einem beglückenden Zufriedensein reden, daß man etwas tun kann, um aus nacktem Boden wunderbare Blumen hervorzubringen, denen dann obendrein anzusehen ist, wie sehr ihnen gefällt, was man für sie getan hat. Nur Kohl und Kartoffeln zu pflanzen ist dann doch etwas anderes! Sie, die in Freiburg Musik studiert hat, fand später immer mehr Gefallen am kreativen Gärtnern. Leider hat sie sich die Zeit für den Garten von der übrigen Arbeitszeit in Haus und Stall abknapsen müssen. So war es bei den Bauersfrauen seit alters. Der Strukturwandel in der Landwirtschaft bedingte, daß man weniger Arbeitsleute zu verköstigen hatte, somit auch weniger Gemüse angebaut wurde. Ihrer Familie, besonders der Mutter zuliebe, zieht Maria Berges immer noch vielfältige Gemüse heran.

Fünftausend Quadratmeter ist der verzierte Nutzgarten groß, 250 Meter Hainbuchenhecke müssen alljährlich geschnitten werden. Vor sieben Jahren fing sie an, dem Garten wieder die altvertraute Struktur zurückzugeben. Die Hauptwege wurden neu gepflastert, Buchshecken gepflanzt. Die Längsachse ist sehr viel stärker betont als die Querachse. Anders als im Bauerngarten üblich, finden sich hier Gemüse- und Obstgarten zu einer Einheit gefaßt. Die Größe des Gartens garantiert aber, daß dem Gemüse das notwendige Sonnenlicht zuteil wird.

Maria Berges hat Sinn für Tradition, und sie trachtet danach, Pflanzen erneut in ihren Garten zu bringen, die seit alters in Bauerngärten zu finden waren. Die schöne, alte Laube aus Hainbuche am Gartenende wird alljährlich von einem Frontlader aus beschnitten. Maria Berges unternimmt andere Anstrengungen, dem Überlieferten Ausdruck zu verleihen und läuft dabei nicht Gefahr, in musealer Idylle zu erstarren. Der Garten wird trotz allem auf die heutige Lebenssituation bezogen, Frau Berges würde keine 26 Kirschbäume mehr pflanzen, wie noch ihre Urgroßmutter, doch sie ist sich bewußt, daß die alten Obstsorten wert sind, weiterhin aufgepfropft zu werden. Beim Rundgang im Garten dann wird zunächst begutachtet, zensiert, empfohlen, sich ausgetauscht über Dinge eben, die gärtnernde Leute interessieren. Meter um Meter. All ihre Schätze! Wie sie sich nur gedrängt sieht, alles präsent zu machen: „Das hier ist 'Gristede'“, und man sieht auf eine zwergige Rhododendronhybride hinunter, „und dies hier ist *Rhododendron oreodoxa*. Der Busch hat rosa Blüten, in Büscheln. Die Knospen sind wunderhübsch rot“, kommt es knapp. Beim Versuch, dem septemberlichen Erscheinungsbild des Rhododendron ein imaginiertes rosa Blütenkleid anzupassen, fällt der Blick bereits auf eine Bartblume (*Caryopteris*) und gleich darauf auf eine Magnolie (*Magnolia*). Ist die riesig, murmelt man in sich hinein und verharrt eine Weile davor. Vor der perfekten Rosenblüte, der 'Yellow Button', einer neuen Rose von Austin, die ihre Blütenblätter in der Manier der

Stallmist. Doch hätte sie neuerdings gute Erfahrungen mit zusätzlichen Gaben von Urgesteinsmehlen als mineralischem Dünge- und Pflegemittel gemacht, die erfolgreich im biologischen Gartenbau Verwendung finden. Wenn möglich mulcht sie den Boden mit gesunden Ernterückständen, um die Erde gar und feucht zu halten, zum Beispiel mit Rhabarberblättern. Der Anbau von Salat ist fast übers ganze Jahr möglich geworden, wenn man Folientunnel und Mistbeet nutzt und geschickt unterschiedliche Sorten pflanzt. Großes Lob wird der Zichoriensorte 'Zuckerhut' zuteil, die Frost bis −7 Grad ertragen kann. Nach der Ernte wickelt sie die Pflanzen in Zeitungspapier und gibt sie in den Einschlag. Mit Genugtuung erwähnt sie ihre langen Schwarzwurzeln und die Dicken Bohnen, etwas spezifisch Norddeutsches. Spät im Jahr sind winterfester Rosenkohl, Lauch, Winterheckzwiebeln zu ernten. Man staune, Maria Berges versucht sich sogar an Artischocken.

Sauerampfer ist mittlerweile von der Familie als Gemüse akzeptiert. Und die Suppe davon sei bei Gästen immer ein Erfolg gewesen, bemerkt sie nicht ganz ohne Koketterie. Ob denn die Vogelscheuche im Gemüsequartier irgend jemanden tatsächlich vergrätzt hat, das wagt man nicht zu erfragen. Immerhin, um manche Beete ist zusätzlich Draht gezogen, wohl der Kaninchen wegen, die sich hier manchmal gütlich tun. „Na ja, es ist schon ärgerlich, sie haben mir die Chrysanthemen pinziert", erklärt sie. So schlimm scheint es dann doch nicht gewesen zu sein, denn sie gibt sich amüsiert darüber. Die zurechtgelegten Wirsingkohlblätter seien aber doch wohl nicht für die Kaninchen, oder? „Nein, die sind für Papageno, den Pfau." Leider hat er sich der Reverenz, die wir ihm erweisen wollten, verweigert. Man sieht ihn, doch nur von ferne; er ist in der Mauser. Und für einen echten Pfau ist das nun wirklich kein präsentabler Zustand!

Hier sind die Blüten des Seidenmohns dem Rittersporn eine charmante Ergänzung. Die erste erblühte Rose verspricht einen heiteren Farbdreiklang, den die restlichen Rosenknospen im Aufblühen erfüllen werden.

Pralle Kürbisse, Zucchini und Gurken (oben) bilden mit Tomaten, Zuckerhutsalat und Mangold ein spätsommerliches Stilleben, deuten an, welche Gemüsevielfalt dieser Garten zu bieten hat.
An der Hausmauer wächst die einmalblühende, duftende Kletterrose 'Alchymist' (links).
Die Zufahrt von Hof „Averesch" wird von schlanken Eichenstämmen flankiert (großes Bild).
Als Unterpflanzung dienen *Rhododendron ponticum* und die silbrig-immergrüne Florentiner Taubnessel. Im Mai wirken die Rhododendren wie ein spektakulärer lilafarbener Saum.

Zucchini oder Squash, das ist die Frage? Gelbfruchtige 'Gold Rush'-Zucchini sollen früh geerntet werden; Squash-Kürbisse hingegen können sich zu großen Früchten auswachsen (oben).
Der Vogelscheuche zwischen Gurken und Bohnen sind modische Ambitionen nicht abzusprechen (rechts).
Die sommerlichen Gemüsequartiere (großes Bild) bieten Vielfältiges für Salatschüssel und Kochtopf, Schnittblumen gibt es obendrein.

Die wundervollen ungefüllten Blütenschalen der *Paeonia lactiflora* 'Rembrandt' offerieren atlasglänzendes Karminrot und das Gold verbänderter Staubfäden. Violette Lupinen sind hier dunkle Ergänzung.

nen zu überdauern und wird, wenn sie sonnig steht, auch treu blühen. Es gibt neben der vertrauten karminroten auch rosa und weiß blühende Varianten. Möchte man weitere Blütenhöhepunkte im Hoch- und im Spätsommer haben, könnte man zu dieser Auswahl noch Sterndolden (*Astrantia*), die Pfirsichblättrige Glockenblume (*Campanula persicifolia*), dauerblühenden Storchschnabel (*Geranium endressii*) und Taglilienhybriden hinzufügen. Im August/September schließlich ließe sich mit staudigen Sonnenblumen (*Helianthus*) und Sonnenaugen (*Heliopsis*), mit der uralten, aber gesunden Staudenaster (*Aster novi-belgii*) 'Climax' sowie mit Wildastern wie *Aster sedifolius* und *Aster umbellatus* ein Blütenfinale zusammenstellen. Dies ist gewiß nur ein grobes Raster, aber so läßt sich Schritt um Schritt, Staude um Staude eine pflegearme Blumenrabatte herausarbeiten. Die Sache kann auch viel individueller mit persönlich geschätzten Sorten betrieben werden. Man kann den verfügbaren Platz nur den Frühsommer- oder Herbststauden geben, wenn man im Sommer für gewöhnlich verreist ist. Oder aber, Sie konzentrieren sich auf den Sommer, weil Sie gerade dann Zeit und Muße für Ihren Garten haben.

Ein weiterer Gesichtspunkt, der hier noch nicht in Betracht gezogen wurde: warum es bei Blütenstauden belassen? Nichts vermag so sehr das Blühen herauszustreichen und zu steigern wie passende Blätter. Dies ist etwas, was sich schon Gertrude Jekyll, die englische Gartenkünstlerin, in den zwanziger Jahren zunutze gemacht hat. Sie pflanzte zwischen die Blütenstauden Blattschmuckstauden, wie Funkien (*Hosta*), Palmlilien (*Yucca*) und Bergenien (*Bergenia*), um mit deren auffälligen Blättern deutliche Formkontraste zu setzen. Wem das Einerlei von Staudenstengeln zu langweilig ist, oder kann durch Verwendung von Blattstauden und niedrigen Sträuchern, wie Kriechspindeln (*Euonymus fortunei*), Mahonien (*Mahonia*), Wacholder (*Juniperus*) solch einer Pflanzung eine bessere Struktur geben und sie deutlich gliedern. Viele der sogenannten Blattschmuckstauden zeigen differenzierte Blattfarben, haben andersfarbige Blattzonen

Die Nesselglockenblume *(Campanula trachelium)* ist eine heimische Wildpflanze (links), die gut in natürlichen Pflanzgemeinschaften im Halbschatten zu verwenden ist. Die Spornblume *(Centranthus ruber)*, hier in der Kombination mit weißem Rittersporn (rechts), gibt sich mit trockenem Boden in der Sonne zufrieden, wo sie sich bereitwillig aussät.

und Ränder, die eine Zusammenstellung an Blütenstauden farblich moduliert und bereichert.

Jemand, der kaum Zeit findet, im Garten zu arbeiten und der gewöhnlich den Dingen ihren Lauf beläßt, könnte in einem festumrissenen Beet zusammenbringen, was da herumwuchert und pflegeaufwendige Staudennachbarn bedrängt. Einmal ausschließlich mit wuchernden Stauden zu gestalten macht Spaß! Denken Sie an die imposanten Rispen des japanischen Federmohns (*Macleaya cordata*), und Kugeldistel (*Echinops*) gruppieren. Besonders der Bärenklau (*Acanthus hungaricus*), von dem behauptet wird, seine Blattrosetten seien Vorbild zur Gestaltung der griechischen Säulenkapitelle gewesen, gibt durch die gezähnten wuchtigen Blätter lebendigen Blattkontrast. Bärenklau und Kugeldistel wuchern zwar nicht, erneuern sich aber hartnäckig aus kleinsten im Boden verbliebenen Wurzelresten. Die stahlblauen Blütenköpfe der Kugeldistel sind bereits Gartenschmuck, bevor die eigentlichen Blüten blau daran erblühen. Die

Lupinus-Polyphyllus-Hybriden (links) wollen tiefgründigen, kalkarmen Boden; dann sind sie Glanzlichter des frühsommerlichen Gartens.
Die weiße Waldglocke (*Campanula latifolia* 'Alba') ist an Lebenskraft dem benachbarten Frauenmantel (*Alchemilla mollis*) ebenbürtig (rechts). Gut wachsen beide im Halbschatten wie in der Sonne bei frischem Boden.

an seine blaugrünen, schönen Blätter. Sie können ihm in einem wilden Gartenwinkel gelbblühenden Felberich (*Lysimachia punctata*), das Riesenchinaschilf (*Miscanthus giganteus*) und Lampionblumen (*Physalis alkekengi*) zur Seite stellen. Das wird eine wuchtige Gruppe mit schönem Blattkontrast und einem spektakulären Blütenhöhepunkt im Herbst. So könnte man expansionsfreudige Monarden (*Monarda*), staudige Kornblumen (*Centaurea*), Schafgarben (*Achillea millefolium*), Sterndolden (*Astrantia*) um mächtige Büsche von Akanthus Sorte 'Taplow Blue' ist größer und ihre Blüten sind intensiver ausgefärbt. Solch eine Zusammenstellung an sommerblühenden Stauden könnte in blauen, rosig-mauven und karminroten Tönen variiert werden. Würde man dieser Pflanzenzusammenstellung noch das weiß-grün panaschierte Pfeifengras (*Molinia*) oder die Poleiminze (*Mentha pulegium*) mit weißgefleckten Blättchen hinzufügen, bekäme die Sache individuellen Pfiff.

Üppig Blühendes findet sich normalerweise in sonnigen Lagen. Immerhin halb-

Englische Gartenkunst im deutschen Hausgarten

Malerische Driften von Katzenminze, Salbei, Storchschnabel, dazu aufstrebende Fingerhüte und Grasfontänen stehen den vielen Strauchrosen an diesem Hang gut zu Gesicht. Der Garten hat Intimität und vermag obendrein die Weite einer Landschaft aufzuzeigen. Er bietet Pflanzkombinationen in bester englischer Tradition.

In Dortmund wachsen die Rosen gut, das hat sich herumgesprochen. Die Gründung des Deutschen Rosariums durch den Verein Deutscher Rosenfreunde hat dem Image der Westfalen-Metropole gut getan. Und Rosen waren es, die zuallererst auf Reiner Herlings Garten in Dortmund verwiesen: Sie blühten auf dem Kalenderblatt in Großformat. Storchschnabel, Salbei und Spornblumen (*Centranthus*) schäumten malerisch am Hang und machten begierig, diesen Garten zu sehen. Als wir dann tatsächlich zu einem Blitzbesuch kamen, war die allerletzte Rose des Sommers verblüht.

Herlings wohnen im Höhenweg, und der Straßenname weist trefflich auf die Lage von Haus und Garten hin. Auf der Anhöhe liegt wohl das Haus; der Garten jedoch stürzt förmlich einen Südosthang hinab. Ganze fünf Meter Höhenunterschied sind es von der Ebene des Hauses bis zur untersten Grundstücksgrenze. Der Ausblick von der Hausterrasse ist beeindruckend. Mit den Augen läßt sich ein grünes Tal durchmessen, makellos und unbebaut, um am jenseitigen bewaldeten Hang seinen Ruhepunkt zu finden. Weidezäune gliedern das Grasland in Vierecke. Doch an diesem Herbsttag nimmt etwas anderes die Aufmerksamkeit gefangen. Beim Hinabsteigen in den Garten finden sich mächtige immergrüne Büsche einer mittelmeerischen Wolfsmilch (*Euphorbia characias* var. *wulfenii*) und – noch unglaublicher – Zistrosen (*Cistus ladanifer*). Sie stehen da zu stattlichen Büschen herangewachsen und lassen bedauern, nicht mittsommers gekommen zu sein, um eine Überfülle weißer, etwas knittrig wirkender Blüten zu bestaunen. Wer schon kann sich hierzulande brüsten, Zistrosen dauerhaft bei sich zu Gast zu haben? Sie sind Blumenkinder des Südens, erinnern an Macchia, an flirrendes Sonnenlicht über immergrünem Buschwald und staubtrockenen Hängen.

Im darauffolgenden Juni, zur Zeit der Rosenblüte, sehen wir den Garten wieder. So wie er sich gibt, geben sich für gewöhnlich nur englische Gärten. Da wachsen vertraute Pflanzen und auch manch ungewöhnliche. Doch die Weise, wie sie miteinander kombiniert wurden, erinnert an die englische Art. Die Rosen, Zentifolien, Gallische- und Alba-Rosen, Moschata-Hybriden und so fort durch alle Klassen, eine schöner und romantischer als die andere, stehen allesamt in voller Blütenpracht. Und die Stauden, kleine Teilstücke, die ein halbes Jahr zuvor erst fürsorglich in die lehmige Erde gedrückt worden waren, haben sich zu ergänzenden blühenden Säumen vor den Rosen zurechtgewachsen. Der Duft sonnenwarmer Rosen und süßen Geißblatts lastet auf dem Hang.

1977 war das Ehepaar Herling das erste Mal der Gärten wegen nach England gefahren. Die Erinnerungen Herlings an die Gärten seiner Kindertage, die Rittersporne der Mutter, die Rosen im Pfarrgarten eines Freundes, all dies wurde lebendig, fand sich überhöht und gesteigert in den besuchten Gärten. Jene paradiesischen Gartenmeilen berühmter Plätze wie „Sissinghurst“, „Hidcote“, „Great Dixter“ und Konsorten haben so vehement vor Augen gebracht, wie kläglich doch der eigene Garten in Dortmund war. Acht Jahre lang ist er dann alljährlich nach Großbritannien gefahren, hat Gärten und Gärtnereien besucht, neue Ideen und Eindrücke gesammelt, nie zuvor gesehene Pflanzen kennengelernt und sie mit nach Hause bringen können. Er hat danach deutsche und englische Gartenliteratur durchgearbeitet, sie buchstäblich verschlungen. Seine Bibliothek läßt jeden Gartenbaukundigen neidisch werden. Er kennt alle berühmten Gartenschriftsteller, von Gertrude Jekyll über Reginald Farrer und Vita Sackville-West bis hin zu Beth Chatto. „The Startling Jungle“ von Stephen Lacey ist eines seiner Lieblingsbücher. Und die Konsequenz von alledem? Zunächst kündigte er den stereotyp verwendeten Serbischen Fichten die Freundschaft und ließ buchstäblich keinen Stein und Strunk auf dem anderen. Das Blühen eines Blumengartens, das von nahem betrachtet sein will, ist schwer mit einem beherrschenden Fernblick zu vereinbaren. Russel Page, der kosmopolitische Gartenkünstler britischer Herkunft, gab einst zu bedenken: „Bewußt oder unbewußt werden sowohl das Auge als auch die Gedanken von den Blumen zur Aussicht und wieder zurück wandern und keine Ruhe finden.“

Die steile Böschung wurde in vier Gartenebenen gegliedert, die unterschiedlichste gärtnerische Vorhaben begünstigten. Herling hat auf den Ebenen Räume und Nischen geschaffen, die ähnlich wie die Gärten gegliedert sind, die er in England sah. So konnte er auch eine Überfülle an Pflanzen gestalterisch bewältigen. Nun steigt man die Gartentreppen hinunter, rechts und links sind jeweils den nach Überblick strebenden Augen kleine, abgesonderte Gartenräume vorenthalten. Lediglich ein Heckendurchlaß zeigt an, daß es da etwas zu erkunden gibt.

In einem kleinen Senkgarten, unterhalb der Hausterrasse, findet man Herlings Antwort auf die engen Verhältnisse, die nicht zulassen, sich horizontal auszubreiten: kleine, steingefaßte Terrassenbeete. Auf ihnen können die Pflanzen in vertikalen Ritzen und Fugen der regelmäßig geschichteten Mäuerchen wachsen und finden Wärme, Windschutz und gute Drainage. Hier ist Gelb- und Weißblühendes zu Graulaubigem geordnet. Weiße Rosen wie ‘Madame Plantier’ oder ‘Schneewittchen’, gelbe Iris, grüngelbe Wolfsmilch (*Euphorbia*) gesellen sich zu seidigen oder wolligen, grausilbrig behaarten Blättern von Rauten (*Artemisia*), Heiligenkraut (*Santolina*), Gottvergeß (*Ballota*) und vielem mehr. Auf gleicher Ebene in einem anderen Gartenraum werden unterschiedliche Stauden mit Strauchrosen kombiniert. Pastellfarbene Moschata-Hybriden wie ‘Felicia’, ‘Cornelia, ‘Prosperity’ sowie die kleinblütige Kletterrose ‘Goldfinch’ blühen mit vorwiegend gelben und blauen Stauden, mit Sonnenröschen (*Helianthemum*), Bartiris, Ehrenpreis (*Veronica*), Katzenminze (*Nepeta*), Storchschnabel (*Geranium*). Die Blütenfarben sind auf zwei, allenfalls drei Farben beschränkt, um den Raum geschlossen und ruhig erscheinen zu lassen.

Auf der dritten Gartenebene steht ein hübscher sechseckiger Pavillon. Er ist komfortabel und einladend durch gerahmte Blumenmotive an den Wänden und ein paar Kissen für den geplagten Rücken. Er gewährt einem, sich in Stille der Lektüre oder einer gemütlichen Teestunde hinzugeben. Flankiert wird der Pavillon auf einer Seite von der zauberhaften Kletterrose 'Alchymist', deren gelbe Blüten in der Mitte so raffiniert kupfrigorange vertieft sind. Auf der anderen Seite steht die wuchsstarke Kletterrose 'Seagull'. Sie trägt ihre weißen Blütchen in üppigen Büscheln gefaßt. Funkien sorgen für lebendige Blattkontraste. Ihre großen grünblauen Blätter passen exzellent zu den gelben und weißen Blüten der genannten Rosen wie zu der delikaten Alba-Rose 'Celestial', zum Graugrün ihrer Blätter wie zum Hellrosa der Blüten, die sich hier gleichfalls findet. Zur Landschaft und zur tieferliegenden Gartenebene hin geben frisch gepflanzte Linden und Eiben, die zu einer Art „Parapette“ beschnitten werden, dem Raum zunächst seine Begrenzung und setzen vertikale Akzente. Wenn die Bäume herangewachsen sein werden und die Äste durch Formschnitt zu architektonischer Form gebracht sind, wird jene Art Hecke auf „Stelzen“ den Gartenraum zwar abschließen, aber ohne den Durchblick zwischen den Stämmen auf die Landschaft zu verhindern.

Auf gleicher Ebene, verborgen hinter einem halbkreisförmigen Eibenheckensegment, liegt der „Geheimnisvolle Garten“ oder der „Hortensiengarten“, wie Herling diesen schlichten Raum mit dem bestimmenden Rasenrondell nennt. Die Hortensien (*Hydrangea*) wachsen in Tontöpfen und flankieren eine englische Gartenbank. Die Pflanzen in diesem Gärtchen fallen durch schöne Blattstruktur auf. Die Selektion 'Western Flisk' der Stinkenden Nieswurz (*Helleborus foetidus*) zeichnet sich durch silbrig-rötlich schattierte Blätter aus. Bereits die Ursprungsart ist zu preisen wegen ihrer palmwedelartig gefingerten, immergrünen Blätter und der grünen Blütenglöckchen im Vorfrühling. Und die Funkienhybride 'Halcyon' mit den unerhört „blauen“ Blatthorsten steht ihr als Gartenschmuck nicht nach. Grauer Ziest und weißes Steinkraut (*Alyssum*) fassen die Hortensientöpfe ein. Herling pflanzt nicht die altvertraute Wuschelkopf-Hortensie, sondern die mit den abgeflachten Doldentrauben, bei denen die fruchtbaren, aber unscheinbaren Blütchen im Zentrum von einem Kranz der auffälligen sterilen Blüten gefaßt sind. In England nennt man diese Hortensien 'Lacecap', Spitzenhäubchen. Es sind häufig Hybriden aus *Hydrangea macrophylla* und *Hydrangea macrophylla ssp. serrata*. Als einen ausgesprochenen Liebhaber dieser

Pflanzengattung und als Kenner weist Herling sich durch die Wahl der Eichenblättrigen Hortensie (*Hydrangea quercifolia*) aus, die Aufsehen erregt durch die schönen, gebuchteten Blätter und die zierlichen Blütenstände. Leider ist diese Art nicht zufriedenstellend hart und braucht guten Winterschutz. Im Vorfrühling wird das Rasenrondell von *Crocus tommasinianus* und ein wenig später dann von *Tulipa tarda* umflort.

Auf der untersten Gartenebene schließlich findet sich ein Irisgärtchen, eine gemischte Pflanzung aus Rosen, Stauden, Einjährigen, die er „Purple Garden“ nennt, und ein quadratisches Rosengärtchen, in dem Buchs die geometrischen Beete faßt. Im „Purple Garden“ blühen die karminrote Gallica 'Hippolyte', die Kletterrose 'Veilchenblau' und ihr Sämling 'Amethyst' mit Storchschnabel, Salbei, Leinkraut und Klematis in einem etwas düster-geheimnisvoll anmutenden Farbspektrum von Purpurrot, Mauve und Violett. Im Rosengärtchen finden sich die üppigen Portland-Hybriden 'Jacques Cartier' und 'Comte de Chambord', beide süß duftend und mit der lobenswerten Tugend zu remontieren.

Herling hat eines der Geheimnisse des guten Gärtnerns entdeckt, jeden verfügbaren Platz mit bodendeckenden Pflanzen zu füllen. Pflanzen, die ausschmücken, herumwandern und sich ausbreiten: Günsel (*Ajuga*), Veilchen (*Viola*), Judas Silberling (*Lunaria annua*), Jungfer im Grünen (*Nigella damascena*), Schlafmohn (*Papaver somniferum*). Besondere Aufmerksamkeit und Lob verdient der Storchschnabel, der sich in ähnlicher Vielfalt wie die Rosen findet. Herling dürfte in seinem Garten die umfangreichste Kollektion der dankbaren Staude im ganzen Land haben: niedrige, kompakte Arten wie *Geranium dalmaticum* und *Geranium sanguineum* in weißen, rosaroten, roten Spielarten, halbhohen Waldstorchschnabel (*Geranium sylvaticum*), den hohen Wiesenstorchschnabel (*Geranium pratense*) in verschiedenen Tönen und auch in gefülltblühenden Spielarten, rosaroten Storchschnabel aus den Pyrenäen (*Geranium endressii*), aus dem Kaukasus (*Geranium ibericum*) und einen dramatisch schwarzgeäugten aus Armenien (*Geranium psilostemon*). Bitte denken Sie nicht, die Auswahl sei mit den genannten Arten erschöpft.

Herlings Tugend ist es, sich nicht mit Erreichtem zufriedenzugeben. Da werden neue Stufen gelegt und Beete gegraben, um bessere Struktur und Raumwirkung zu erzielen. Da werden neue Sorten erprobt und Pflanzen verpflanzt, um die Farben stimmiger zu haben. Kein Wunder, daß diese Lust am Garten ansteckend ist und Gartenfreunde sich bei ihm Rat holen. Das letzte Gespräch war erfüllt von dem Wunsch, einen Streifen östlich am Haus neu zu gestalten. Er sprach von Etagenprimeln und Scheinmohn (*Meconopsis*), die er zwischen unterschiedlichen Stechpalmen erproben wollte. So wie wir ihn kennengelernt haben, ist ihm zuzutrauen, daß die Absicht in den nächsten Gartentriumph mündet.

Vom Gartenhaus eröffnet sich dieser zauberhafte Ausblick über ein Gärtchen mit deutlichen Strukturen und verfeinerter Farbgebung. Funkien-Hybriden und Grünblühendes führen den Blick zum Heckendurchlaß. Daphne wartet im angrenzenden Gartenraum und wird von gelbgrünem Goldherzchen-Efeu umsponnen.

Die Biedermeierbank wird umblüht von Geißbart und Hortensien. Dahinter steht auf einem Trockenmäuerchen sukkulentes *Aeonium* im spanischen Tontopf. Durch die grünblauen Blätter der Wiesenraute und die weißgerandeten Funkienblätter wird die kühle Farbigkeit des Senkgartens angedeutet (oben).
An der Basis der Sonnenuhr wachsen *Phaiophleps nigricans* (früher *Sisyrinchium striatum)* und *Thymus x citriodorus* 'Silver King' (links).

In den buchsgesäumten Beeten des Rosengärtchens wachsen Portland-Hybriden wie 'Comte de Chambord' und 'Jacques Cartier' mit kräftigrosa- und hellrosafarbenen, süßduftenden Blüten (großes Bild). Oben am Gartenhaus schäumt *Rosa* 'Seagull' in einer Blütenwolke. Zwischen den Rosen, links, türmt sich *Geranium psilostemon,* unter dem Gartenhaus bräunlicher Fenchel, Fingerhüte und knospiger Rittersporn.

Geranium x magnificum (oben) bringt seit gut einem Jahrhundert das leuchtende Purpurblau in die Gärten.
In gedämpfter Farbigkeit ergänzen sich purpurner Storchschnabel (*Geranium psilostemon*) und eine Rittersporn-Hybride (rechts).

Der „Purple Garden" prunkt mit purpurroten 'Hippolyte'-Rosen, *Geranium psilostemon* und blaupurpurnem *Geranium x magnificum*. Einige Blüten von *Geranium himalayense* sind zu entdecken und das rosa Blütengetüpfel von *Geranium x oxoniense*.

Links in der Ecke blüht *Salvia lavandulifolia*. Oben sieht man rosa 'Celsiana'-Rosen und blühende Kolkwitzia. Neben der Glaskugel hält der Baldrian weiße Blütenspeere hoch. Das *Pelargonium* im Topf beschert einen lebhaften Farbakzent (großes Bild).

Die hinreißend geviertelten, flachen Blüten von 'Charles de Mills' (oben), einer Gallica, reifen im Fortblühen vom Karminrot zum tiefen Purpur. Die rosigen Blütenstände der Spornblume ergeben mit den helleren Blüten des Fingerhuts ein harmonisches Duo (rechts). Dem Charme der flachkugeligen Blüten der Rose 'Raubritter' (großes Bild) ist nicht zu widerstehen. Sie blüht nur einmal, aber sehr reich. Der leicht hängende Wuchs verführt dazu, die Strauchrose als niedrige Kletterrose zu verwenden.

Der lastende Nebel am Düsseldorfer Rheinufer ist zunächst wenig verheißungsvoll, doch kurze Zeit später, auf einem eleganten, runden Platz in Kalkum, ist dann der Nebel gewichen und ein Nachmittag in klarem Herbstlicht gesichert. Vor einer halboffenen, weißlackierten Gartenpforte stehen zwei Pflanzenkübel, mit üppigen Funkienstauden bepflanzt. Solch nonchalant dargebotener Willkomm vor der Gartenhecke, gewissermaßen im öffentlichen Raum, läßt gar keinen Zweifel mehr bestehen: Hier muß Roland Weber wohnen, der berühmte Düsseldorfer Landschaftsarchitekt.

Roland Weber zählt zu den Großen seiner Zunft. In fünf Jahrzehnten hat er mehr als 800 Gärten angelegt, hat für private und öffentliche Auftraggeber gearbeitet. Sein privater Hausgarten ist der einzige professionell gestaltete Garten in der hier gezeigten Auswahl. Wie jemand, der die Umwelt anderer verändert und sie bestimmend gestaltet, es dann mit der eigenen privaten Welt hält, das zu sehen ist immer interessant. Es liegt nahe, daß ein Gestalter, der sich zeitlebens um gesteigerten visuellen Ausdruck bemüht und die Kunst des „Sehens“ zur Vollkommenheit entwickelt hat, dies auch in seiner privaten Umgebung belegt.

Roland Weber kann genießen, was er sich durch ein in vielerlei Hinsicht reiches Leben geschaffen hat. Er ist Ästhet. Schönheit, wo immer sie sich birgt und auch verbirgt, er vermag sie sichtbar werden zu lassen. Er ist besonders den bildenden Künsten zugetan und sammelt Kunst. Und er pflegt seine Erinnerungen! Da künden Memorabilien, sie müssen nicht unbedingt wertvoll sein, von zurückliegenden Studienreisen nach Persien, Marokko und nach Südostasien. Es ist eine Freude zu erleben, mit welcher Lust er das Deckblatt eines Kunstbuchs, in dem er gerade liest, farblich mit einem Malachitkästchen zusammenbringt, wie er ein Muster, einen Farbverhalt, in anderen Dingen wieder aufzeigt, wandelt und beschwört zu köstlich arrangierten Stilleben. Und wenn man dann von seinem Wohnzimmer aus über den Schreibtisch hinweg in den weiträumigen Garten blickt, entdeckt man das gleiche Prinzip zur Anwendung gebracht: Architektur und Innenausstattung sind in Beziehung zum Draußen gesetzt, das sich als stilisierter Landschaftsausschnitt gibt.

Mitte der dreißiger Jahre hatte Roland Weber einen jener berühmten Landschaftsparks besucht, der die Anfänge des englischen Landschaftsstils dokumentiert: Blenheim Palace, ein Geschenk des englischen Parlaments und der Krone an den Herzog von Marlborough für seinen Sieg über die Franzosen. Der im frühen 18. Jahrhundert angelegte Park wurde in fortlaufenden Jahrzehnten von „Capability“ Brown ausgestaltet und erweitert. Lancelot Brown wurde „Capability“ genannt, da er so geschickt die ihm übertragenen landschaftsplanerischen Arbeiten bewerkstelligte. Das damalige Neue war, die natürlichen Gegebenheiten einer Landschaft zu erkennen und sie in eine Gestaltung einzubeziehen, sie auch notfalls radikal zu verändern, um ein erwünschtes Ideal zu schaffen. Brown arbeitete vorwiegend mit Elementen der Natur, das heißt mit Wiesen, Gewässerflächen, Baumgruppen. Seine Linienführung war geschwungen, und er säumte mit aufgelockerten Baumpflanzungen große, unregelmäßige Grasflächen.

Roland Weber beruft sich auf diese Landschaftskunst. Auch er arbeitet mit natürlichen Elementen, um Erlebnisräume zu schaffen. So hat er auch seinen weitläufigen, viertausend Quadratmeter großen Garten gestaltet, der als Teil der umgebenden Landschaft empfunden wird, einer Landschaft, die von Feldern, von Silberweiden und Pappeln am bogig verlaufenden Schwarzbach bestimmt ist. In den vierziger Jahren fing er an, den zukünftigen Gartenraum durch Obstbaum- und Heckenpflanzen zu formen. Die Mitte des Gartens wurde frei gehalten, um ihm Weite zu geben. Vom Haus aus geben sich nunmehr die Wiese und die kulissenartig gestaffelten Gehölzpflanzungen wie etwas, das immer so war. Das langgestreckte, schlichte Haus und der Garten darum sind eine Einheit.

Die überdachte Terrasse am Haus empfindet man als einen Wohnraum im Freien, drei Stufen tiefer als das übrige Gartenterrain und an drei Seiten offen. Diese tiefer gelegte Ebene bekräftigt das Moment räumlicher Geborgenheit. Zur einen Seite grenzt das niedrige Stützmäuerchen die Terrasse gegen eine Rasenfläche ab und zur anderen Seite hin gegen ein Wassergärtchen. Dunkler Schiefer deckt die Stützmauer und den Terrassenboden. Die vertikalen Stützen der Überdachung gliedern den Gartenausblick in einzelne Sequenzen. Jeder gerahmte Ausblick ist gewissermaßen ein in sich geschlossenes Bild. An einer der Stützen windet sich eine Glyzine (*Wisteria*). Ihr Stamm ist mittlerweile knorrig geworden und bizarr, gibt so einen reizvollen Kontrast zur linear gegliederten Verschalung der Überdachung und rahmt gleichzeitig den Ausblick. Die riesigen, gezackten Blätter der Herkulesstaude (*Heracleum*) bestimmen und akzentuieren den Vordergrund. Auf der gegenüberliegenden Seite ist der Ausblick in den Wassergarten begrenzter und intimer. Er bietet jenseits einer stillen Wasserfläche einen toskanischen Ölkrug als Blickpunkt. Rohrkolben (*Typha*) und Gräser, runde Seerosenblätter auf der Wasserfläche bestimmen den Vordergrund. An der dem Haus zugewandten Seite, direkt an der Hauswand, gibt es einen offenen Kamin. Ein Tischchen von vollendeter Proportion mit gläsernen Windlichtern darauf und die Replik einer klassischen Skulptur an der gegenüberliegenden Klinkerwand bekräftigen den Eindruck, im Haus und nicht im Garten zu sein. Das übrige Mobiliar und die Dekoration sind auf diese Elemente bezogen und unterstreichen die Eleganz des Ambientes.

Geben Sie Roland Weber ein paar simple Gehölze, die niemand beachtet, und er wird damit Gartenkunst machen. Es scheint nicht wichtig, was im Garten wächst, sondern wie die verwendeten Pflanzen Licht und Schatten variieren und den Raum bestimmen. Das gestaltete Ensemble ist ihm wichtig, vordergründige Details herauszustellen ist sekundär. Er vermag, ähnlich wie mit den Dingen im Haus, im Zusammenspiel, im Beziehungsgeflecht spezielle Charakteristika verwendeter Pflanzen herauszustellen und zum Ausdruck zu bringen. So versteht man auch, daß er Fragen nach Einzelpflanzen beinahe widerwillig beantwortet. Sein hingebrummeltes „Ach, immer mit Blumen“ und die abweisende Handbewegung dazu sollen durchaus nicht besagen, daß er Blumen nicht zu schätzen weiß, sondern er befürchtet eine Stimmungsmache für die individuelle Blume, die dem Gesamtkonzept schadet. Schon als Junge fand er Kaiserkronen und Montbretien in Großmutters Garten langweilig. Aus Staudenpflanzungen macht er sich nicht viel, weil die gezeitigten Effekte zu flüchtig sind, meist zu wenig malerisch und obendrein kleinlich geboten werden.

Dennoch, es ist interessant, einige der Pflanzen in seinem Garten näher zu betrachten. Wie erwähnt, Roland Weber schätzt Gehölze. Die von ihm verwendeten Pflanzen zeichnen sich durch gute Strukturen oder einen malerischen Wuchs aus. So mag er den Japanischen Feuer-Ahorn (*Acer japonicum* 'Aconitifolium') besonders gern, nicht allein seiner gerühmten, orangeroten Herbstfärbung wegen, sondern weil die Blätter dieses Ahorns fein geschlitzt sind und von weichgrüner Ausfärbung. Er mag die delikaten roten Blütchen zu den sich entfaltenden Blättern im April, und er mag diesen kleinen Baum oder Großstrauch auch, weil er sich zu lockerer, malerischer Erscheinung auswächst. Ähnliches läßt sich von seiner Lieblingskirsche, der Joshino-Kirsche (*Prunus x jedoensis*) sagen: Sie ist atemberaubend schön in ihrem frühen, überschäumenden Blühen. Im knospenden Stadium kurz vor dem Erblühen gibt sich diese Kirsche zartrosig, vollerblüht ist sie weiß. Die Blüten duften zart nach Bittermandeln. Selbst im blütenlosen Zustand ist die Kirsche bemerkenswert durch ihr schirmförmig weit gespanntes Astwerk. Die dünnen, hängenden Triebenden reagieren auf jeden leisen Windhauch. So vermag sie flimmernde Licht- und Schattenspiele auf den Boden zu zaubern. Die immergrünen Spindelsträucher (*Euonymus fortunei* 'Carrierei') an der Hauswand, die schwellenden Efeu- und Singrünteppiche im Vorgarten, die Bambusfontänen am Teich, die Kletterhortensien, die Strauchrosendickichte, sie allesamt bilden malerische Wuchsbilder.

Der Jahreszeit entsprechend beginnen die Ahorne, die Kirschen und Felsenbirnen sich zu verfärben. Bald schon werden die Gehölzpflanzungen aufflammen und farbiges Fallaub aufs Rasengrün rieseln. Am Wasserbeckenrand liegen stachelige Fruchthüllen, geben braune Maronen preis. Ein Funkienhorst inmitten eines Efeuteppichs ist bernsteinartig gelb und glasig geworden. Als herbstliches Phänomen schätzt Roland Weber solch gelbe Töne, doch Gelb als Blütenfarbe mag er nicht sonderlich, es ist ihm zu derb und aufdringlich.

Der Frühling in diesem Garten wird mit Felsenbirnen (*Amelanchier*), Zierkirschen (*Prunus*), Apfel- und Birnbäumen (*Malus* und *Pyrus*), Zierquitten (*Choenomeles*) und Magnolien (*Magnolia*) gefeiert. Diese etwas willkürlich getroffene Auswahl an Obst- und Blütengehölzen fügt sich vor frühlingshaft wandelbarer Himmelskuppel zu einem kontrastreichen Netzwerk dunkler Äste und Zweige, ähnlich den Sprüngen in der Glasur auf einer Krakeleevase. Ehe das so grafisch wirkende Gefüge an Ästen üppig schwellende Blattmassen hervorbringt, sind in voranschreitenden Frühlingswochen alle Stadien des Knospens, des Entfaltens und Blühens zu bewundern. An einem Tag mag ein verheißungsvoller graugrüner Schimmer auf dem Gezweig liegen, am darauffolgenden Tag entdeckt man vielleicht einen Hauch von Rosa, das sich wie hingetupft zeigt in der Konzentration von Punkten, die sich in weiteren Tagen ausdehnen zur geschlossenen Fläche im Wind wogender Blüten. Und an anderen Tagen wird man makellose Magnolienkelche vor dunkel dräuendem Himmel als unerhört strahlend entdecken.

So ließe sich fortfahren und allein eine Liste weißblühender Blumen und Gehölze zusammenstellen, die jeweils im wandelnden Licht der Jahreszeiten die Standarten der Eleganz hochhalten. Roland Weber nimmt all den Reichtum an Möglichkeiten wahr, um sich und den Garten zu entfalten. So läßt sich auch an diesem Garten lernen, sich nicht im Detail zu verlieren. Doch wenn man es schon tut, dann in der großzügigen Art von Roland Weber.

Von der überdachten Gartenterrasse ist dieser Ausblick auf den Teich an einer Hausseite zu genießen. Der enggefaßte Raum bietet schöne Blattstrukturen, Nuancen des Grüns und weiße Blumen. Der Flüchtigkeit der Lichtreflexe und des sich wandelnden Grüns ist der Ölkrug aus der Toskana als dauerhaftes Moment hinzugegeben.

Die großen Zeiten der Ahorne sind Frühjahr und Herbst. Hier rieseln die tief geteilten Blätter des Japanischen Feuer-Ahorns *(Acer japonicum* 'Aconitifolium') zwischen die kletternden Triebe der immergrünen Kriechspindel *(Euonymus fortunei* var. *radicans).*

Die überdachte Terrasse bietet den Komfort und die Eleganz eines Wohnraums (großes Bild). Vor der Stirnwand aus Backstein steht die Kopie einer griechischen Statue. Lilienblütige Tulpen 'White Triumphator' in den Terrakottatöpfen sind willkommener Schmuck im Mai.

Der Vorgarten im Überschwang seines Frühlingsflors (oben): Kirsch- und Apfelblüten, Felsenbirnen, Magnolien, Narzissen und Tulpen.

Minigärten zu groß. Bei der Auswahl der Gehölze sollte nur ein Viertel, besser ein Fünftel immergrüner Gehölze gewählt werden, da ein krautiger Unterwuchs die Frühjahrssonne, genügend Niederschläge und das allmählich zersetzende Fallaub braucht.

Eine freiwachsende Hecke, in der unterschiedliche Sträucher einreihig verwendet werden, bietet ein lineares, lockeres Erscheinungsbild. Das Pflanzen in versetzter Reihe erfordert mehr Entwicklungsbreite, mindestens jedoch drei Meter. Freiwachsende Hecken einer Strauchart sind wünschenswert, wenn man sie als Hintergrund für eine farblich differenzierte, gemischte Pflanzung verwenden möchte. Insgesamt brauchen freiwachsende Rahmenpflanzungen wenig Pflegeaufwand, bis auf den gelegentlichen Gehölzschnitt. Sie sind Windschutz und Lebensraum für unterschiedliche Tiere und bieten jahreszeitliche reizvolle Ansichten.

Großblättrige Rodgersien bestimmen den Vordergrund eines kleinen Gartenraumes, ohne dem Wasserbecken die Wirkung zu nehmen.

Man möchte glauben, das natürliche Wachstum von Gehölzen biete die überzeugendsten Wuchsformen, um damit gestalterisch umzugehen. Eine geschnittene Hecke kann jedoch ein wünschenswertes architektonisches Moment sein. Obendrein ist die beschnittene Hecke platzsparend. Laubabwerfende Hecken kann man scharf zurückschneiden. Nadelholzhecken hingegen können nur flach an der Oberfläche des jährlichen Zuwachses geschnitten werden. Schnitte ins alte Holz verursachen Kahlstellen. Empfehlenswert sind Eibenhecken (*Taxus*).

Klassisches Gartendesign operiert bevorzugt mit beschnittenen Hecken. Da gibt es hohe wie niedrige, aus Buche, Hainbuche, Eibe und Buchs geformte. Der Schnitt wird zuweilen so gehandhabt, daß eine Heckenlänge in einzelne gut proportionierte Segmente geteilt wird. Die vertikale pilasterartige Betonung erinnert an barockes, durch Stützpfeiler gegliedertes Mauerwerk. Wie Hecken auf Stelzen muten die gekappten Linden an, die häufig in den großen Anlagen des Barock parallel zu Buchenhecken einen Gartenraum umgürten und die Wirkung seiner Geschlossenheit noch verstärken. Zu solch strengem, grafischem Liniengefüge kontrastieren reizvoll die natürlichen Wuchsformen anderer Pflanzen und unbekümmert eingesetzte Blumenfarbe. Auch ein isoliert dargebotenes Gehölz im Formschnitt, das Freiwachsendem gegenübergestellt wird, kann als belebender, erfreulicher Kontrast empfunden werden.

Manche Pflanzen haben eine so ausgeprägte Wuchsform, daß sie wie eine Skulptur wirken können. Häufig ist bei der Wahl eines Gehölzes lediglich ein prägnantes Merkmal, etwa das Blühen oder das Fruchten, der ausschlaggebende Punkt. Die Ausstrahlungskraft einer Pflanze läßt sich aber nur durch die Summe aller Einzelteile ermessen. Es ist wichtig, Gehölze als Wuchsform mit ihrer unterschiedlichen Ausstrahlung im Garten oder Park zu erleben, um ihre architektonischen Qualitäten erfassen zu können. So werden die sogenannten „Trauerformen" der Gehölze mit den Schleppen aus Zweigen und einer schirmartigen Krone als elegant empfunden. Säulen- oder kegelförmige Wuchsbilder wirken immer als starke Akzente. Gerundete Wuchsformen sind ein willkommener Kontrast zur Architektur wie zum horizontalen Liniengefüge von Mauern, Zäunen und Hecken. Gehölze mit waagerecht gestelltem Astwerk wie auch Hängeformen vermögen – an Böschungen gepflanzt – die Vegetation unterschiedlicher Ebenen optisch miteinander zu verbinden.

Man verwendet Gehölze mit bestimmender Wuchsform gerne als Paar und symmetrisch, um einen Durchblick zu markieren oder den Hauseingang hervorzuheben. Die Wiederholung solch spezieller Wuchsformen ist ein verbindendes rhythmisierendes Gestaltungselement. So diente die klassische Avenue dazu, Haus und Garten in der Landschaft hervorzuheben oder das Haus als Endpunkt einer Blickachse raffiniert zu rahmen. Auf heutige Gartendimensionen übertragen läßt sich etwa eine Gartenbank, ein Pflanzgefäß auf dem Sockel, eine Skulptur in dieser Weise rahmen. Auf alten Stichen von Landschaften gibt die menschliche Figur häufig den Maßstab an, und in den stilisierten Darstellungen asiatischer Landschaften zeigen Häuser oder Brücken die menschliche Dimension auf. Je nachdem wo sie plaziert sind, begreift man die Raumabfolgen in einer Darstellung. Ein Großstrauch in einem Minigarten ist hilfreich. Er läßt den zuvor leeren Luftraum als gestalteten Raum erfahrbar werden und unterbricht einen langweiligen Überblick, weil er den Blick auf sich lenkt und damit einen Fixpunkt bildet. Manchmal sieht man im Vordergrund solcher Bilder auch großblättrige Pflanzen, die die dahinterliegende Darstellung weiträumiger wirken lassen. Auch im Garten lassen sich räumliche Abfolgen durch unterschiedliche Blattformen betonen, etwa durch großblättrige Funkien in Hausnähe oder kleinblättrige Sträucher im Hintergrund. Je weiter man sich vom Haus entfernt, desto kleiner läßt man die Blätter werden. Doch dies ist beinahe schon eine Rezeptur zur Bepflanzung eines Minigartens. Es soll nur darauf hingewiesen werden, daß es sich lohnt, Wuchs- und Blattformen als Aspekt einer Gestaltung zu betrachten. Die meisten im Garten verwendeten Pflanzen haben zwar unterschiedlich geformte Blätter, zusammengebracht nimmt man deren individuelle Ausformung aber zu wenig wahr, weil die Größe gleichwertig ist. Kein Wunder also, daß Pflanzen mit sehr großen Blättern oder mit sehr kleinen zwischen der Vielzahl gleichartiger Blattgrößen auffallen, das heißt das Auge festhalten.

Die Häufung individueller Blattformen schafft Strukturen. Auf waagerechter Pflanzfläche wie auch senkrecht an Mauern, Zäunen, Pergolen lassen sich vielfältige Blattstrukturen darbieten. So läßt sich die Verwendung von Stauden und Gehölzen erfindungsreich variieren und als Mittel struktureller Gestaltung einsetzen. Durch Verwendung der gleichen Pflanze zwischen anderen, etwa links und rechts einer Zufahrt, können getrennte Gartenareale dennoch verbindenden Zusammenhalt erfahren. Auch vermag eine einzelne großblättrige Pflanze in einer Gruppe unterschiedlicher Pflanzen einen Zusammenhalt zu bewerkstelligen.

Der Übergang von einem gepflegten Gartenraum am Haus zum Obstgarten mit seiner Wiese wird durch beschnittene Eibenkegel betont.

Der Wassergarten als Paradies für Amphibien

Nicht nur den Seerosen gefällt ihr Element, das Wasser. Zwischen den Binsen und Rohrkolben, unter den weitgespannten Bambushalmen, überall im und am Wasser tummelt sich das Leben: Vögel, Insekten, Frösche – ein ideales ökologisches Miteinander.

Es tut immer gut, nach vielen Kilometern Autobahnfahrt auf eine gemächliche Welt zu treffen, wie jene, die sich an einem Augusttag auf der Sonnenterrasse von Wolfgang Bellinghausen den ermüdeten Augen bietet: vom nahen Waldsaum schwerer Laubschatten, ein besonnter Wasserspiegel, zwischen Grashalmen verspannt kleine betaute Spinnennetze, die den nahenden Herbst ankündigen. Nichts Spektakuläres zunächst.

Köln ist von Hennef im Bröltal, wo die Familie Bellinghausen ihr Haus hat, dreißig Kilometer entfernt. Das Haus ist an einen bewaldeten Hang gebaut. Zufahrt und Eingangsbereich liegen ein Stockwerk tiefer als die Sonnenterrasse vor den Wohnzimmerfenstern. Von dieser Terrasse aus gesehen gibt sich das Haus flach wie ein Bungalow. Das Umfeld läßt sich von hier aus gut erkunden. Einzig der kleine Bereich vor der Terrasse ist eben, ein gestalteter Wassergarten. Die Giebel der Nachbarhäuser sind kaum auszumachen, sie liegen allesamt tiefer. Hinter dem Haus wächst Mischwald auf den Hügelkuppen, Besitztum der Grafen von Nesselrode. Dann sind da noch ein Stück Gemüseland und eine große Wiese, das Grundstück ist fast zweitausend Quadratmeter groß. Da gibt es Bambus, dort Bergenienblätter und ein paar Irishorste, die an ein vertrautes Gartenvegetationsbild erinnern. Doch ihr Dasein mutet eher beiläufig an, fast möchte man zufällig sagen – so zusammen mit den Wildkräutern. Ist dies ein Garten? Und wenn man das gestaltete Umfeld des Hauses nun so nennen mag, welcher Art ist dieser Garten dann?

Das ging wirklich haarscharf an den eigenen Ohren vorbei – mit eingezogenem Kopf noch blickt man dem schwirrenden Etwas hinterher, das sich als aneinandergekoppeltes Libellenpaar erweist. Und plötzlich fällt es einem wieder ein, was man als saloppen Hinweis bekommen hatte: „Weißt du, der Bellinghausen hat es mehr mit den Viechern als mit den Blumen." Die Libellen werden zum Kristallisationspunkt des Verstehens. Und schickt man sich an, für einen Augenblick nur die eigene Sichtweise zu vergessen und Tümpel wie Binsen mit den Augen der Libellen zu betrachten, ist sonnenklar: Was für ein wunderbarer Lebensraum! Ein Lebensraum für Tiere, versteht sich, und dann erst ein vom Menschen genutzter.

Das Ehepaar hält freundschaftliche Beziehungen zu allem möglichen Getier, ganz besonders jedoch zu den Amphibien, jener Tierart also, die von den Fischen zu den Landtieren überleitet: Molche und Salamander, Kröten und Frösche, die sich aus Eiern zu kiementragenden Larven und schließlich zu Tieren mit Lungen entwickeln. Besonders an den Schwanzlurchen zeigt sich deutlich die Entwicklung über Jahrmillionen. Zunächst bildeten sich aus den Brust- und Bauchflossen primitive Beine. Damit wurde allmählich das vorher nur von Pflanzen besiedelte Land von den Tieren in Besitz genommen. In weiteren langen Zeiträumen paßten sich die Tiere den sich verändernden Lebensbedingungen an, und es entstanden immer mehr Arten. Schließlich entwickelten sich aus den Kriechtieren Vögel und später Säugetiere. Die Amphibien leben im Wasser wie auf dem Land. Herr und Frau Bellinghausen haben sich einen „Naturgarten“ geschaffen, oder besser gesagt eine ökologische Nische. Im letzten Jahrzehnt ist der Gartenteich gewissermaßen zur Metapher für ein gewandeltes Umweltverhalten geworden, leider aber auch zur Gartenmode. Bellinghausen gibt dem Leben, das immer mehr verdrängt wird, wieder Raum. Das tun andere auch. Bemerkenswert aber ist sein Vorgehen. Er modifiziert bestimmte örtliche Gegebenheiten, gestaltet sie aus und bietet so der Natur einen Raum an, um sich in angestammter Weise, aber ohne fortwährende Hege, selbst ausdrücken zu können. Er ist vor allem anteilnehmender Beobachter, und der Garten ist ihm ein Ort alltäglicher Naturerfahrung. Alles, was er im eigenen Garten tut, ist geprägt von der Sehnsucht, mit der Natur harmonisch umzugehen.

Gezielte Naturbeobachtung macht kundig und hilft bei allem naturpflegerischen Tun. Als Junge schon im heimischen Oberkassel bei Bonn war er an unterschiedlichen Naturerlebnissen interessiert gewesen, und sein ganzer Stolz war ein kleines Terrarium, dessen Barrieren er liebevoll zu verbergen trachtete.

Kurz nachdem er das Haus 1977 bezogen hatte, baute er den ersten Gartenteich. Es war ein vielversprechender und weithin bestaunter Anfang. Wie es sich jeder Anfänger erträumt, lebten im Teich auch Goldfische. Und es wanderten Amphibien zu. Wie schade festzustellen, daß den Zuwanderern ihr Lebensraum durch die Fische streitig gemacht wurde. In Tümpeln von der Größe eines üblichen Gartenteichs kommen ohne menschliches Zutun üblicherweise ja keine Fische vor. Goldfische und Amphibien vertragen sich nicht miteinander. Also wurden dem ersten Teich alsbald zwei flache Tümpel von einem halben Meter Tiefe beigesellt, die den Amphibienlarven zur Entwicklung vorbehalten bleiben sollten. Der dreißig Quadratmeter große Teich, der unmittelbar vor der Sonnenterrasse liegt, ist zuletzt gebaut worden. Insgesamt sind auf diese Weise sechs Wasserflächen entstanden.

Mit den Teichen und Tümpeln stellten sich Algen, Urtierchen und andere winzige Lebewesen ganz von alleine ein, die wiederum höher entwickelte Tiere anzogen, die sich von diesen ernährten. Wasser ist ein wunderbares Medium, in dem sich eine Überfülle von Lebewesen findet. Um dauerhaft am Ort verbleiben zu können, brauchen Amphibien eine vielfältige Kleintierwelt, die stets nachwächst. Sobald sich an anderem Ort der Lebensraum als günstiger erweist, wandern sie ab. Solch Zusammenhalt bestimmter Pflanzen und Tiere, ein Biotop, das sich unter speziellen chemischen und physikalischen Bedingungen zu entwickeln beginnt, läßt sich erschaffen. In fortschreitenden Wachstums- und Lebenszyklen wird das Leben im Wasser und an seinen Ufern immer vielfältiger und reicher. Es erwies sich, daß mehrere Tümpel sich besser dazu eignen, unterschiedliche Lurche zu beherbergen, als ein einzelner größerer Teich.

Der benachbarte, bewaldete Hang ist ein ideales Territorium für Amphibien. Es gibt dort wasserführende Schichten, aus denen manche Quelle entspringt, moosreiche Schluchten, moderndes Fallholz und Laub. Die forstwirtschaftliche Nutzung hat, gottlob, diese natürlichen, günstigen Begleitumstände kaum zu schmälern vermocht. Das Rheintal und die angrenzenden Regionen sind naturgemäß reich an Tieren. Durch die günstige Lage des Wassergartens können alle möglichen Lurche vom Wald her, unbehindert durch den örtlichen Verkehr oder eine landwirtschaftliche Nutzung, zur Eiablage an die Teiche gelangen.

Tonnen von Steinen wurden mit Hebeln bewegt und mit eigenen Händen plaziert, um die Uferregionen des Wassergartens auszugestalten. Im Gartengelände findet sich obendrein ein spezielles Trockenbachbett, vorwiegend mit größeren Findlingen und Rollkieseln belegt, gesäumt von Stauden wie Taglilien (*Hemerocallis*), Nacht- und Königskerzen (*Oenothera* und *Verbascum*), zwergigem Bambus (*Sasaella ramosa*) und dem Federborstengras (*Pennisetum alopecuroides*). Diese trocken-warmen Schluchten haben Blindschleichen, Zauneidechsen, Wechsel- und Geburtshelferkröten als Heim angenommen, ja sogar der Ringelnatter gefällt es hier. Dort kann sie sich sonnen und findet später auch ein Winterquartier. Ihre Eier aber legt sie meist in der feuchtwarmen Kompostlege ab. Hier, in den Steinritzen des Trockenbachbettes, fanden vorübergehend auch Kreuzkröten ihren Unterschlupf. Diese Kröte mit dem charakteristischen hellen Mittelstreifen auf dem Rücken lebt häufig auf Kiesabbaugeländen. Sie muß wohl mit dem Kies für einen Neubau in der Nachbarschaft hierher gefunden haben. Die Erdkröten wiederum bergen sich anderswo, im Laubmoder, in Erdkuhlen oder unter geschichteten Holzstapeln.

Kröten sind auf das Gewässer geprägt, das sie von der Umwandlung zum Lurch verlassen haben. Bei der alljährlichen Laichwanderung zu diesen Gewässern laufen sie häufig Gefahr, dem Verkehr zum Opfer zu fallen. Bemerkenswert ist die Geburtshelfer-Kröte, deren Männchen sich die Laichschnüre um die Hinterbeine wickelt. Diese Schnüre werden zunächst in einer Erdhöhle vorm Austrocknen bewahrt. Erst nach Wochen, nachdem die Larven schlupfbereit sind, transportiert das Männchen die Eier ins flache Laichgewässer, wo dann die Larven ausschlüpfen.

Augusttage sind ausgeglichen und voll Ruhe. In dem milden Nachmittagslicht zwischen hellem und dämmrigem Grün bringt die weiße Seerose (*Nymphaea tuberosa* 'Pöstlingsberg') ihre Blüten dar, symmetrisch und makel-

sie sich – angegriffen oder bedrängt – mit Bissen zur Wehr setzen. Für Überraschungen ist also immer gesorgt.

Amphibien und Reptilien zählen in Mitteleuropa zu den am stärksten gefährdeten Tiergruppen. „Ist es nicht traurig", meint Bellinghausen, „daß der Laubfrosch zu einer Rarität geworden ist? Nicht hier, erfreulicherweise". Die Bestände gefährdeter Tierarten können sich nicht mehr so schnell erholen, weil in der Nachbarschaft die Populationen schon so dezimiert worden sind. Besonders in den letzten Jahrzehnten hat die fortschreitende Landnutzung, haben Spritz- und Düngemittel die Lebensgrundlagen der Tiere verringert. Deshalb ist es besonders erfreulich, daß so viele heimische Tierarten, die durch Veränderungen oder Vernichtung ihrer angestammten Lebensräume vom Aussterben bedroht sind, neuen Lebensraum geboten bekommen. Bellinghausens gehören zu den Leuten, die erkannt haben, daß jeder von uns auch ein Teil der gefährdeten Natur ringsum ist und daß Molche, Frösche und Schlangen uns lieb sein sollten, denn sie gehören zu unserer Welt.

Der Wasserfrosch (oben) verbringt den Großteil seines Lebens an einem Gewässer. Insektennahrung findet er genug an der Wasseroberfläche. Sie wird im Sprung durch Zuschnappen erbeutet.
Die Nymphaea-Hybride 'Marliacea Carnea' (links) ist eine robuste, duftende Sorte.
Natur ist Trumpf in diesem Wassergarten (großes Bild). Der Waldsaum, hier als steiler grüner Hang sichtbar, wie auch die Uferregion mit ihren Steinen und der reichen Vegetation ziehen viele Tiere an, bieten Nahrung und Unterschlupf.

Ein Trockenbachbett (großes Bild), gesäumt von *Pseudosasa japonica* (rechts), blühenden Hemerocallis-Hybriden, niedrigen Kiefern, ausladenden Grashorsten, Farnen und Heidekräutern, ist ein idealer Lebensraum. An diesem Südhang finden viele Geburtshelferkröten Unterschlupf. Die Kreuzkröte gräbt sich hier gerne ein, und die nachtaktive, gefleckte Wechselkröte überwintert an diesem sicheren Ort. Bei warmem Wetter gehen Blindschleichen in der dichtverwachsenen Pflanzenregion auf Beutezug. Und die Ringelnatter profitiert von alledem, weil sie Kröten zum Fressen gern hat.

Direkt vor die Sonnenterrasse am Haus (oben) wurden die Gartenteiche gebaut. Die üppige Flora lockt eine vielfältige Tierwelt in die Nähe des Menschen.

Im Südwesten beschließt ein Gehölzgürtel (oben) optisch den Wassergarten. Die Zauneidechse (rechts) bevorzugt sonnig-trockene Lebensräume. Wiesenmargeriten, Lavendel und Thymian durchwachsen die Heidefläche und zeigen an, daß es hier trocken-warm ist (großes Bild). Die Schlingnatter hat hier ihren Lieblingsplatz zum Sonnen gefunden.

1 Wiese
2 Reisighaufen
3 Gemüse
4 Moorschlenken
5 Teichanlage
6 Trockenmauer
7 Trockenbachbett mit Moränekieseln und Findlingen
8 Torfstich

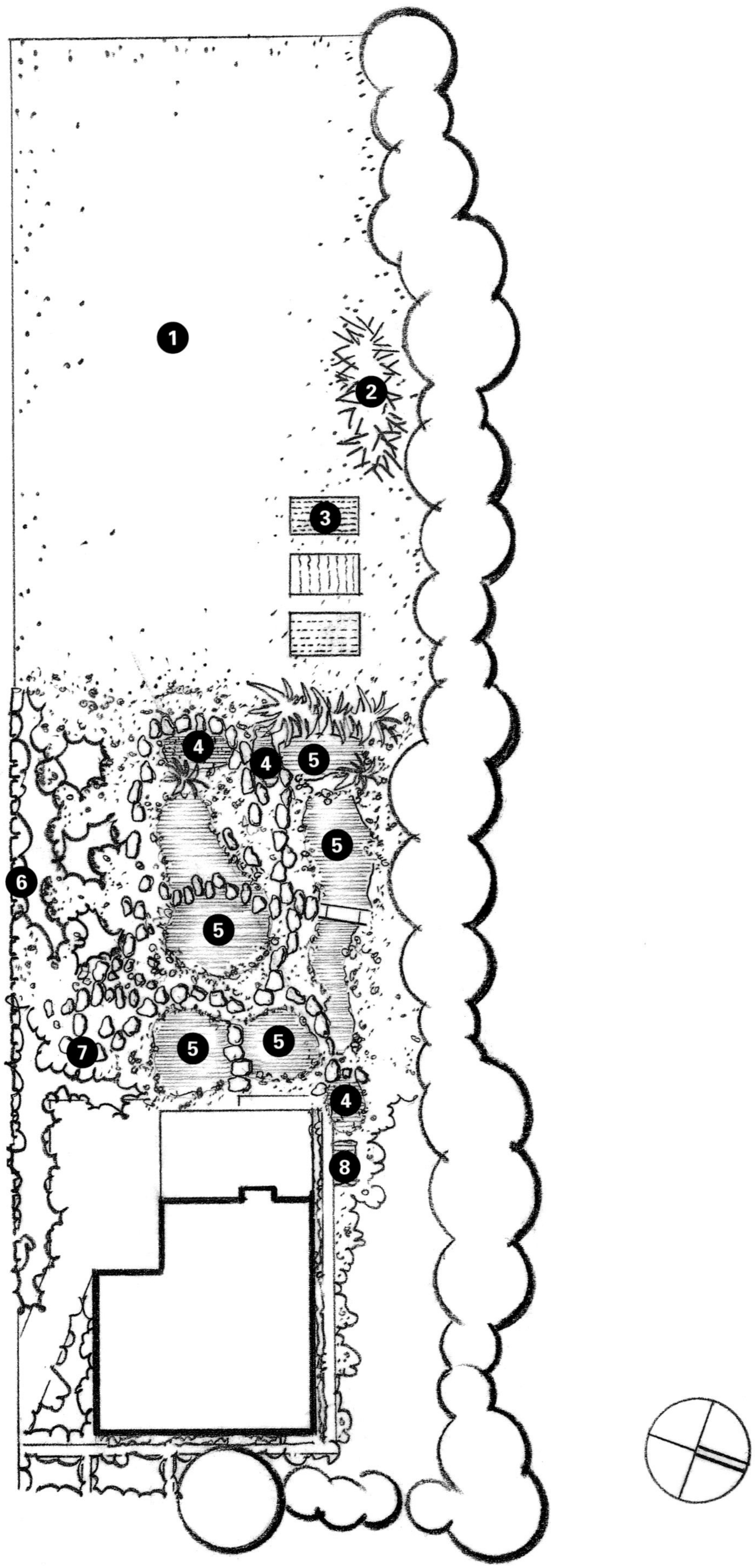

Lebendig gestaltete Ufervegetation

Der Gartenteich steht bei Gartenliebhabern häufig an vorderster Stelle der Wunschliste. Wasser garantiert Leben in vielerlei Form, und ein Biotop für Amphibien und Pflanzen wie ein simples, dekoratives Seerosenbecken sind ein erfreulicher Akzent im Hausgarten.

An den natürlichen Ufern der Weiher und Bäche wachsen ganz bestimmte, dem Standort angepaßte Pflanzen. In der Uferregion, jener Zone, die Anteil an zwei Welten hat – dem Wasser wie dem Land – ist die Vegetation für gewöhnlich üppig. Selbst wenn sommers die Uferlinie bei sinkendem Wasserspiegel sich weitet, bleibt den Pflanzen meist genügend Feuchtigkeit, um Trockenperioden unbeschadet zu überstehen. Das stete Angebot an Wasser und genügend Nährstoffen gestattet diesen Pflanzen, große, schattenspendende Blattschirme oder imposante Laubfontänen auszubilden. Mit zunehmender Entfernung vom Wasserspiegel wie auch sinkendem Grundwasserspiegel sind die Pflanzen der verminderten Verfügbarkeit an Wasser entsprechend nicht so frohwüchsig und saftig. Große Blattschirme verdunsten enorm viel Wasser, und ist der Nachschub nicht gesichert, machen sie schlapp. Die Ligularien im Staudenbeet sind ein typisches Beispiel hierfür. An Gartenteichen sieht man alles mögliche wachsen, nur leider so selten Pflanzen, die gewissermaßen von ihrem Wuchsbild her das Vorhandensein eines Gewässers anzudeuten vermögen. Viele Teiche sehen daher im Garten fremd und unintegriert aus. An künstlichen Becken, ja selbst an naturnah gehaltenen Folienteichen, ist das Erdreich an den Rändern so trocken wie sonstwo im Garten. Es gibt genug Pflanzen, die ihrem Erscheinungsbild nach den typischen Uferpflanzen ähneln, sich aber mit dem Boden, wie ein „normales" Blumenbeet ihn bietet, zufriedengeben. In lehmigen und tonigen Böden sowie in halbschattiger, windgeschützter Lage hält sich zudem Feuchtigkeit besser als in erhöhter, offener Lage bei sandigem Boden.

Im gewöhnlichen Hausgarten, der um die tausend Quadratmeter groß ist, wird man kaum Gelegenheit haben, Bäume an einen allenfalls 30 Quadratmeter großen Gartenteich zu pflanzen. Doch angenommen, Sie haben genügend Gartenraum und einen größeren Teich oder es fließt sogar ein Bach durch Ihr Grundstück, dann lohnt es sich, kurz über ein paar Gehölze zu sprechen, die an solchen Gewässern Platz finden könnten. Erlen und Weiden sind uns vertraut. Empfehlenswert sind die schnellwüchsige Salweide (*Salix caprea*) mit ihren silbrigen Kätzchen und die Korbweide (*Salix viminalis*), die mit ihren Wurzeln sogar ins Wasser hineinwächst. Sie ist die klassische Kopfweide, die im Alter, wenn man ihre Ruten stets schneidet, eine bizarre Wuchsgestalt entwickelt. In ausgehöhlten Weidenstämmen finden Höhlenbrüter und Fledermäuse Schutz und Nistgelegenheit. Diese Weide kann durchaus auch am Entwässerungsgraben einem ländlichen Gartenumfeld speziellen Charakter geben. Dekorativ sind die Purpurweide (*Salix purpurea*) mit dichtbuschigem Wuchs, von der Silberweide (*Salix alba*) besonders die selektierte Form 'Sericea', die Korkenzieherweide (*Salix matsudana* 'Tortuosa') mit spiralig verdrehten Zweigen. Für kleine, naturnahe Weiher geeignet ist die zwergige Sandweide (*Salix repens ssp. argentea*), die gerne feucht-sandige Standorte mag, und *Salix purpurea* 'Nana'. Als einzige Konifere für feuchte Standorte empfiehlt sich die Sumpfzypresse (*Taxodium distichum*). Sie mag keinen Kalk und

Der Königsfarn *(Osmunda regalis)* wird an einem ihm zusagenden, feuchten Standplatz imposant. Ab Oktober zeigt er eine schöne Herbstfärbung.

ist wirklich nur in Nachbarschaft großer Gewässer duldenswert. Grazil und leicht in der Wirkung sind die allseits vertrauten Felsenbirnen (*Amelanchier lamarckii*). Im Herbst macht sich am Teich durch glänzend roten Fruchtschmuck der Schneeball hübsch (*Viburnum opulus*), und im Winter tun dies glühend rote wie gelbtriebige Hartriegel (*Cornus alba* 'Sibirica' und *Cornus sericea* 'Flaviramea'). Einen ostasiatischen Akzent bringt der Bambus ans Gewässer (*Fargesia murielae*).

An krautigen Pflanzen bietet sich sehr viel mehr: An große Teiche passen Pestwurz (*Petasites*) und Bärenklau (*Heracleum*), beide haben imposanten Wuchs. Sie sind aber invasiv und daher wirklich nur für Parkanlagen geeignet. Die Pestwurz treibt es arg mit ihren Stolonen (unterirdischen Wurzelsprossen) und der Bärenklau durch seine Aussaat. Sumpfiris (*Iris pseudacorus*) und Wieseniris, Baldrian (*Valeriana officinalis*) und Beinwell (*Symphytum officinale*) sind geeignet für natürliche Uferränder. In der Wirkung durch riesige Blattschirme steht das Schildblatt (*Darmera peltata*) der Pestwurz wenig nach. Imposant gibt sich mit seinen Blütenständen gleichfalls das weiße Mädesüß aus der Mandschurei (*Filipendula kamtschatica*) und, diesem ähnlich, mit breiten karminrosigen Trugdolden *Filipendula rubra* 'Venusta Magnifica'. Dazu passen recht gut der Blutweiderich (*Lythrum salicaria*) sowie zwei Storchschnabel-Arten, *Geranium phaeum* mit purpurbraunroten und *Geranium pratense* mit blauvioletten, hell geaderten Blüten. An Gräsern eignet sich das Süßgras (*Glyceria aquatica*) mit der Kulturform 'Variegata', die hübsche weißbunt gestreifte Blätter hat, die Rutenhirse (*Panicum virgatum*) mit bräunlichen Blütenständen sowie unterschiedliches Pfeifengras (*Molinia*).

An Frühblühern sind empfehlenswert das Wiesenschaumkraut (*Cardamine pratensis*), die Sumpfdotterblume (*Caltha palustris*) sowie zwei Zwiebelblumen, Märzbecher (*Leucojum vernum*) und Dichternarzisse (*Narcissus poeticus*). An Folienteiche sollten keine Gräser mit invasiven Stolonen gepflanzt werden. Ganz besonders sei gewarnt vor dem Riesenchinaschilf (*Miscanthus giganteus*) und vor den niedrigen Bambus-Arten (*Sasa* und *Arundinaria*), die jede Folie über kurz oder lang perforieren werden.

Etagenprimeln, Sumpfkohl *(Lysichiton americanus)* und Pestwurz fühlen sich an einem Bachlauf wohl (links). Das Mammutblatt *(Gunnera manicata)* braucht viel Platz, um seine gigantischen Blätter ausbreiten zu können. Hier schmückt es sich mit seinem imponierenden Blütenstand (rechts).

Geradezu tropisches Gepränge hat die *Gunnera* mit ihren Riesenblättern. Sie braucht hierzulande Winterschutz. Direkt am Wasser könnten vielerlei Glocken- und Etagenprimeln blühen, der Königsfarn (*Osmunda regalis*) und Astilben gedeihen. Die Astilben gibt es in großer Sortenfächerung. Von Juni bis in den September kann man sie blühend haben. Die frühesten sind die niedrigen Japonica-Hybriden. Die Arendsii-Hybriden von dem berühmten Züchter Georg Arends, von 1907 an aus vier Spezies entwickelt, zeichnen sich besonders durch ein erweitertes Farbspektrum aus, das von Weiß über Rosa zu Rot geht.

Und nun zu trockenerem Teichrand. Unschätzbare Blattschmuckstauden sind Funkien (*Hosta*-Arten). Sie wachsen gleichwohl lieber in frisch-feuchten Böden, entwickeln aber in normalem Gartenboden auch die ansehnlichen Blatthorste. Auf sonnigem Pflanzplatz sind sie vom Wuchs kompakter, blühen reicher als an halbschattigem oder schattigem Platz. Als Kontrast zu Gräsern und Pflanzen mit grasartigem Wuchsbild sind sie unersetztlich. In den USA entstanden unzählige Sorten mit atemberaubend schönen Blättern. Es gibt Funkien mit fast blau zu nennenden Blättern, andere mit goldgelben, weiß- oder gelbgerandeten sowie unterschiedlich gefleckten Blättern, von unterschiedlicher Form und Wuchsgröße. Diese neuen Sorten sind leider noch sehr teuer. Hübsch und dankbar mit seinen gefältelten Blättern und den schwefelgrünen Blüten ist der Frauenmantel (*Alchemilla mollis*). Er eignet sich gut, um hervortretende, häßliche Beckenränder zu maskieren. Für kleine Fertigbecken aus Polyester ist die kleine, reichblühende Glockenblume (*Campanula poscharskyana*) bestens geeignet, den störenden Rand verschwinden zu lassen. Die verblühten Ranken dieser Glockenblume lassen sich mühelos ausraufen, und die Pflanze blüht dann sogar noch einmal im Herbst. Immer ansehnlich sind Geißbartbüsche (*Aruncus sylvestris*). Zusammen mit der Wieseniris und mit den wunderschönen neuen Taglilienhybriden (Hemerocallis-Hybriden) geben sie zu unterschiedlicher Zeit einen Blickfang ab.

Ergänzen ließe sich solch Ensemble durch niedrige Elfenblumen (*Epimedium*) mit ihren hübschen Blättern, die sich bis in den Winter hinein ansehnlich halten. An geeigneten Gräsern sind Sorten des Chinaschilfs (*Miscanthus sinensis*) zu nennen, mit gelblich quergestreiften Blättern die Sorte 'Strictus', 'Variegatus' mit weißgestreiften Halmen. Es gibt allerdings willig blühende Kulturformen mit rötlich-silbrigen Blütenfahnen aus der Hand des berühmten Staudenzüchters Ernst Pagel. Niedriger, aber eindrucksvoll genug ist die Pendelsegge (*Carex pendula*) mit hängenden Blütenähren. Sie ist auch für feuchte Uferlagen geeignet. Welche Freude, wenn man all diese Pflanzen eigener Wahl vom Wasserspiegel reflektiert sieht. Alle Schönheit ist dann gewissermaßen doppelt ausgefertigt.

Das Schild- oder Schaublatt *(Darmera peltata)* und die Sumpfiris *(Iris pseudacorus)* sind ein gutes, kontrastreiches Gespann am Teichrand (links). Beide schätzen frischen Boden und wachsen selbst dann zufriedenstellend, wenn dieser gelegentlich austrocknet.
Das gelbblühende Kreuzkraut (*Ligularia przewalskii)* hat dekorative gefingerte Blätter und dunkle Stiele. Hier säumt es mit blühendem Blutweiderich *(Lythrum salicaria)* einen nassen Bachsaum (rechts).

Fernöstlicher Zauber im Stadtgarten

Buchs umfaßt ein Steinmal mit Persönlichkeit, aus dem die Vögel trinken. Der Teich wirkt wie ein schmales Band, säuberlich von Findlingen gesäumt. Aus makellosen Rasengründen strebt Chinesisches Rotholz dem Himmel zu. Und rechts, auf der Landzunge, steht ein botanisches Wagnis: echte Pinien in Frankfurt.

Nein, nein, sie waren von Anfang an keine passionierten Gärtner gewesen, Helga und Johannes Roth, „anfangs, als erst das Haus fertig gebaut werden mußte, da war der zugehörige Garten eine ungeliebte, ja verwünschte Wüstenei", so gesteht Johannes Roth im Vorwort zu seiner „Gartenlust", einer Anthologie der Blumenstücke, die im Magazin der „Frankfurter Allgemeine" erschienen waren. Nunmehr, nach gut einem Jahrzehnt, kann er beim gemeinsamen Gartenrundgang gut gelaunt trällern: „Alle Blumen blühen, ohne daß die Roths sich mühen." Welch eine Entwicklung! Und dem Garten ist nicht anzusehen, daß er ein „Platz für harte Arbeit" ist.

Die Roths wohnen am Frankfurter Nordwestrand, im Steinbach-Tälchen. Obwohl Frankfurt am Main sich eines milden Klimas rühmen darf mit warm-trockenen Sommern, so beklagt Roth doch die Kaltluftschneise, die früher als sonst in der Gegend ersten Reif beschert.

Es ist November. Von der ausladenden Weide im Vorgarten tropft Schmelzwasser. Stunden zuvor war Schnee gefallen. Vor dem dämmernden Himmel sind die Weidentriebe wie ein gelbgrüner Vorhang, freundlich und sanft. Die ordentliche Kiesfläche, die Findlinge darauf, die weißgetünchten Mauern und die wie aufpoliert wirkenden, glänzenden Blätter vom Kirschlorbeer vermitteln ruhige Entspanntheit. Lediglich dunkles Kieferngrün gibt ein bißchen respektable Ernsthaftigkeit.

Vom Wohnzimmer aus kann man auf eine tadellos gepflegte Gartenbühne blicken: ein steingesäumter Bachlauf, sanfte Rasenkuppen, immergrüne Pflanzen. Und es bedarf keiner weiteren Erklärung: Die sorgfältig geharkten Kiesflächen der Trockenlandschaftgärten und die stilisierten Elemente japanischer Teich- und Teegärten sind die Inspirationsquellen für diese Gartenlandschaft gewesen. Auch draußen dann, geborgen unter dem Glasdach der Laube, bleibt dieser Eindruck bestimmend. Lediglich die roten Fensterrahmen wie das rote Balkenwerk der Laube lassen an Skandinavien und an China denken. Letztendlich aber ist es einerlei, denn so rot gerahmt mutet die immergrüne Gartenszenerie ganz gewiß ostasiatisch an. Das Rot bewirkt im Auge, daß der Novemberrasen strahlend grün erscheint, grüner als er tatsächlich ist. Das nenne ich Raffinesse und ein Beispiel für einen trefflich ausgespielten Komplementärkontrast! Im November natürlich vergißt man, daß die Rhododendron-repens-Hybriden vor der Laube zu gegebener Zeit den roten Farbverhalt durch ihre Blüten aufnehmen und ihrerseits noch weiter modulieren werden. Dies mag daran erinnern, daß sich das Weiß und Rot des Hauses gelegentlich im Blumenflor widerspiegelt durch weiße Blütenteppiche der Griechischen Anemone (*Anemone blanda*), durch Trupps von Japananemonen (Anemone-Japonica-Hybriden), durch Gruppen von Rosen und Azaleen, durch Margeriten und Hibiskus in Töpfen.

Das Grundstück ist 1200 Quadratmeter groß. Der Boden am Steinbach ist schwer und neigt zur Verdichtung. Mit dem Bauaushub wurde das platte Gelände modelliert. In einer zentralen Talmulde liegt der Teich. Er mußte, nach einem Mißgeschick mit der Folie, vor wenigen Jahren neugeschaffen werden. Nunmehr gibt er sich als wichtigstes Element des Gartens. Seine Form ist langgezogen und gewunden – man denkt eher an einen Bach. Unter Mißachtung der Attacken auf sein Kreuz hat Roth die Anlage selbst gebaut. Die Berührungslinie von Wasser und Land wird durch Steine bestimmt und mit Kies und Findlingen in der Art des Karesansui, des Trockenlandschaftstils, gestaltet. Sie ist vegetationslos. Allenfalls eine buschig gezogene Kiefer oder eine Bambusfontäne deuten die Ufervegetation an. Wasser und Stein dominieren. Ähnlich vereinfacht und stilisiert wird die Gartenbepflanzung als großes Gegengewicht zur Teichanlage dargeboten. Die Reduktion auf Weniges und Wesentliches gibt dem Garten die enorme Ausstrahlung von Klarheit und Ruhe. Die angrenzende Rasenfläche ist in sanften Bodenwellen geführt. Einzelne Trittsteine folgen der Kontur der Teichanlage in der Weise des „Tobi-ishi“, einer freien Steinsetzung des japanischen Teegartens, bei der natürliche Steine im Schrittabstand plaziert werden.

Die ersten Pflanzen waren Geschenke wohlmeinender Nachbarn: Haselsträucher, Eschen, Eiben. Wie zu erwarten, stammen die verwendeten Pflanzen durchwegs aus Fernost. Ähnlich wie in japanischen Gärten konzentrieren sich Roths auf wenige, häufig immergrüne Bäume und Sträucher. Selbst der altvertraute Buchs, der von Frau Roth besonders geschätzt wird, ist gewissermaßen japanisch verwendet worden. Noch wie die Perlen an der Schnur gereiht, spiralförmig am steinernen Vogelbad endend, soll er sich in ausgewachsenem Zustand, in Anlehnung an die Karkomi-Büsche, halbkugelig beschnitten, zu einer voluminösen, länglichen grünen Plastik entwickeln und irgendwann den Garten-Vordergrund am Teich bestimmen.

Bambus und Kiefern sind die wichtigsten Pflanzen und beide gleichsam ein Gegensatzpaar. Bambus erinnert graziös und biegsam daran, ein Mitglied der Familie der Gräser zu sein. Sein Wuchs, das Flair des Exotischen, hat den Bambus in jüngster Zeit zu einer Lieblingspflanze der Designer werden lassen. Es ist zu hoffen, daß er keine Modepflanze wird und sich allüberall einfindet, von den kommunalen Plätzen bis zu den privaten Wintergärten. Die stereotype Verwendung käme einem Niedergang gleich. Roths haben eine Hecke von *Fargesia murielae*, dem landläufigen Gartenbambus, an der Südseite des Gartens gepflanzt und im Westen eine von *Phyllostachys aurea*, der, im Vergleich zur vorgenannten, verdickte Halmknoten und hellere Belaubung zeigt. *Phyllostachys propinqua,* der einen Hain im hinteren Gartenteil bildet, hat sich zur beachtlichen Höhe von sechs Metern hochgeschwungen. Obwohl so enorm in der Wuchsleistung, wird der Art noch ausreichende Winterhärte bescheinigt. *Phyllostachys nigra* ist da empfindlicher, aber er ist wunderschön. Schwarz, wie der Name es andeutet, werden die zunächst dunkel gepunkteten Halme erst nach geraumer Zeit. Und stellen Sie sich nun aufstrebende Halme vor, schwarz und glänzend, von hellem Grün überkuppelt, weitschwingend in der eleganten Manier des Bambus. Unwiderstehlich!

Bambus suggeriert immer Bewegung, selbst wenn er stillsteht. Doch er ist eigentlich ständig in Bewegung. Oftmals sind es nur einzelne Blätter, die sich, von einem Lufthauch erfaßt, hin und her wenden. Von einer Windbö getroffen, beugt sich der ganze Horst, gibt nach und läßt die Konturen zerfließen. In der darauffolgenden Windstille dann nehmen die Halme ungebrochen alsbald die gewohnte Position wieder ein. Welch ein Schauspiel an Flexibilität und Beständigkeit! Manchmal erzittert nur ein Einzelhalm, reagiert auf die Umklammerung einer Vogelkralle, irgendwo im verborgenen Inneren der Pflanze.

Kiefern dagegen sind statisch, selbst wenn an ihrem bizarren Geäst die Wirkung des Windes abzulesen ist. Sie sind dauerhaft. Ihr Grün ist dunkel und vornehm, es zeigt wenig Veränderung im Jahresrund. Roth hat unterschiedliche Kiefern verwendet, die über die Jahre malerische Gestalten bilden werden, von der strauchigen Rot-Kiefer (*Pinus densiflora*) bis zu unterschiedlichen Sorten der Berg-Kiefer (*Pinus pumila*). Und auf einer Rasenzunge vor der Terrasse stehen Pinien, echte mittelmeerische Pinien (*Pinus pinea*). Für Roth ist die Pinie der Baum der Sehnsucht schlechthin und nach einem Elba-Urlaub wurden ein paar mitgebrachte Kerne in Blumentöpfe gesteckt. Darin gleichen Roths unseren Landsleuten, die seit jeher Mandarinen, Agaven und Oleander von südlichen Gestaden heimbrachten. Die Pflanzen, Sinnbilder für unser aller Sehnsucht nach Wärme und bleibendem Sommer, wachsen wie ehedem an die Wohnzimmerfenster geschmiegt heran, bis alle im vorgegebenen Maßstab scheitern: die Pflanzen an der Größe der Fenster und ihre Besitzer an der Größe der Pflanzen. Doch vorschnell geben Roths sich nicht geschlagen und vor allem nicht, wenn die Niederlage vom Experten zugesichert wird. Die herangewachsenen Bäumchen wurden über Winter zwar nicht ins Bett, aber immerhin ins eheliche Schlafzimmer mitgenommen. Doch nach ein paar Jahren mußten sie einfach raus aus dem Blumentopf, hinaus auf eine Landzunge am Teich, ins feindliche Leben. Draußen dann, als in einem Winter die Temperatur fiel und fiel, wurde ein Zelt aus Latten und Noppenfolie für sie gebaut. Bislang zeigen sie Lebensmut und sind den Roths über den Kopf gewachsen.

Aus „Liebe auf den ersten Blick" hat Johannes Roth ein Zwillingspaar des Chinesischen Rotholzes (*Metasequoia glyptostroboides*) in den Garten gepflanzt. Er spricht von „unseren Chinesen“ und nennt sie die „doppelte Meta“. Die laubabwerfenden Koniferen aus China sind mittlerweile gartenbeherrschend. Obwohl hochgewachsen, ist ihr Erscheinungsbild doch leicht. Sie sind im Frühsommer hellgrün, entwickeln allmählich einen bronzefarbenen Anflug und zeigen sich im Spätherbst golden, besonders nach warmen Sommern. Erst nach den schärferen Frösten wird das fiedrig wirkende Nadelkleid hingeworfen. Das Chinesische Rotholz war seit den fünfziger Jahren immer gut für eine Schlagzeile. Man kann es als eine Art lebendes Fossil ansehen, dem das Geschick beschieden war, nicht mit den Dinosauriern ausgestorben und versteinert zu sein, sondern bis in unsere Tage hinein fortgegrünt zu haben. (*Metasequoia* wurde erst 1941 entdeckt.)

Beim Kaffee im Wohnzimmer werden die Goldfische zu einer rotgoldenen Metapher Rothscher Fürsorglichkeit. Die Fische können im flachen Teich nicht überwintern. Sie kommen also zur Winterfrische ins Wohnzimmer. „Eigentlich wollten wir keine Fische haben, doch die Schnakenlarven im Teich verhießen nichts Gutes. So hat sich das verselbständigt“, berichtet Helga Roth. Und, der Triumph in der Stimme ist nicht zu überhören: „Seit wir die Fische haben, haben wir auch einen Eisvogel.“ Draußen im Garten tummeln sich Amseln, Meisen, Finken, Rotkehlchen. Es fehlt ihnen an nichts. Im Winter schneit es gewohntermaßen Nüsse, Korinthen, Haferflocken. Hermelin und Marder erweisen ihre Reverenz. Und der Feldhase kommt regelmäßig zum Schlafen. Bei Roths mag man gerne sein, man wird beachtet und gefüttert, ob Mensch, Tier oder Pflanze. Welch rührende Anstrengungen werden gemacht, den Rhododendren das Leben zu versüßen, pardon, zu versauern, denn der Boden vor Ort ist leicht alkalisch. Der Blumenhartriegel (*Cornus kousa* var. *chinensis*), auch er wird durch all die Zuwendung letzten Endes doch die ersehnten weißen Bracteen in der Frankfurter Sonne aufstecken.

Wie schön, wenn es sich so trifft, daß der Kiwisegen aus dem Vorgarten als Sorbet im Champagner endet und man dann gerade zu Gast ist.

Simpel und ungemein hübsch im Halbschatten: Buchskugeln, unterpflanzt mit kriechendem Felberich *(Lysimachia nummularia),* der die lästige Jätarbeit mindert (großes Bild).

Der Wasserzulauf für den Teich erfolgt durch ein schlichtes Bambusrohr (oben).

1 Bambushecke mit Azaleen und Rhododendron
2 Kompost
3 Rasen
4 Bambus
5 Stauden
6 Urweltmammutbäume
7 Beerenobst
8 Bachbett
9 Rosen
10 Pinien
11 Buchspflanzung
12 Bambushecke
13 Pergola
14 Kiesbeet mit Rotkiefer

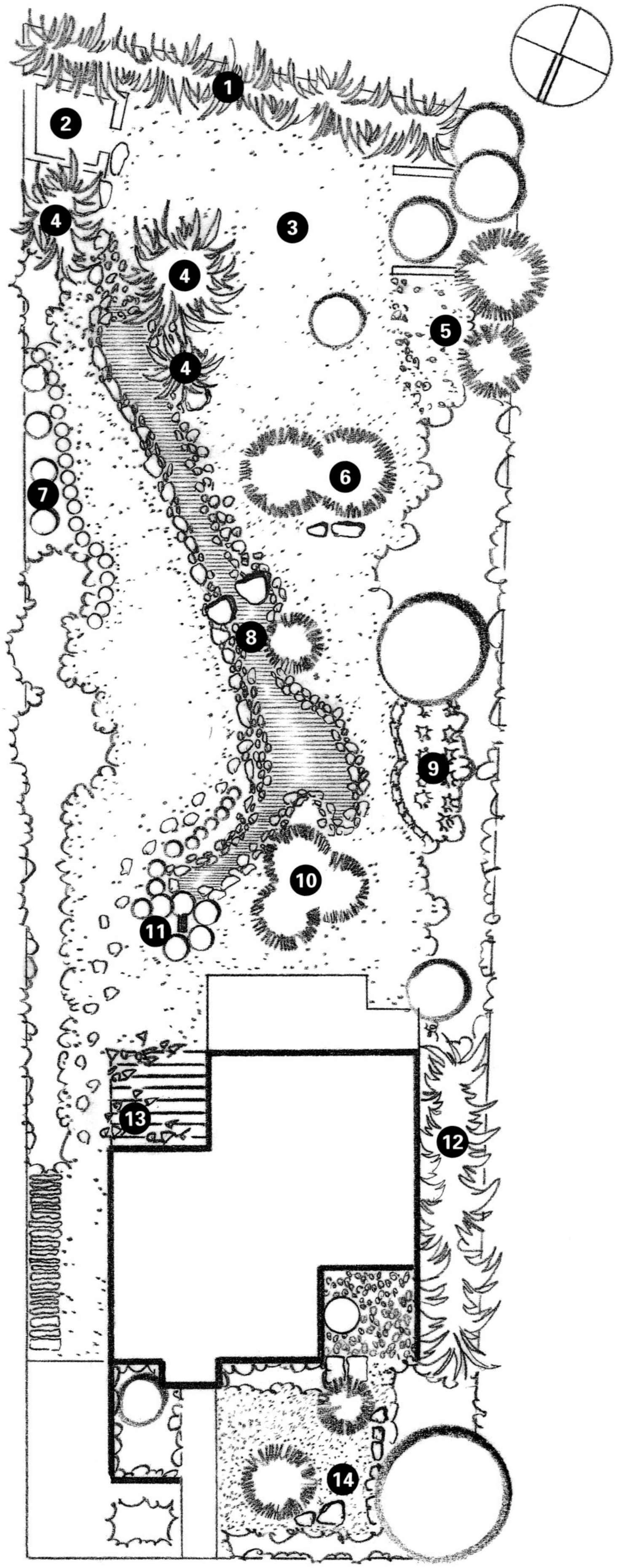

Immergrünes, klassisch oder frei, für kleine (Stadt-)Gärten

Man glaubt es kaum – was gestern noch als kitschig, überflüssig und als unnatürlich abgetan war, Kugel, Kegel und ein ganzes Bestiarium aus Strauchwerk geschnitten, ist wieder gefragt. Mit der Lust, in vielfältigen Stilen und Moden zu schwelgen, wurde der Buchsbaum wiederentdeckt. Im modernen Kräutergärtchen gibt beschnittener Buchs aromatischem Wirrwarr notwendige Kontur. Die Leute scheuen weder Mühen noch Blasen an den Händen, wenn sie Meter um Meter der Bordüren trimmen. Im Park auf der Mainau wachsen Tiere in der Manier von Disney und werden nicht nur von Kindern geliebt.

Der Buchsbaum (*Buxus sempervirens*), das langsamwachsende Gehölz mit den lederartigen, immergrünen Blättchen, nimmt kaum etwas krumm. Er ist zäh und wächst eigentlich überall, in kaltem Lehm wie auf warmem kargem Sand. Ließe man ihn wachsen, dann würde irgendwann ein kleiner Baum, so an die fünf Meter hoch, daraus erstehen. Aber wer hat Buchsbaum jemals freiwachsend gesehen? Erst beschnitten vermochte er den Ruhm europäischer Gartenkultur zu mehren.

Der Hinweis, daß alle Dinge ihren Ursprung bei Griechen und Römern haben, soll nun keineswegs das leidige Gähnen provozieren. Immerhin, vor zweitausend Jahren berichtet Plinius der Jüngere in seinen Briefen über sein Landhaus Tuscum von einem geneigten Rasenstück, „auf welchem der Buchs Tiergestalten eingeschrieben hat, die einander gegenüberstehen“. Weiter ist zu lesen über eine „Bahn in der Form eines Kreises, welche mannigfach geformte Buchssträucher und absichtlich so gezogene Zwergbäumchen einschließt“.

In der Renaissance und im Barock kommt diese ars topiaria, die Kunst, Bäume und Sträucher so zu beschneiden, daß sie zu Kunstformen werden, zu hohen Ehren. Von Italien ausgehend, zeigten die Gärten entsprechend einem geänderten Weltbild ein verändertes Gesicht. Der Mensch stellt sich in den Mittelpunkt der Welt. Auf der Suche nach Vorbildern findet er sein Ideal in der Antike. Ein geordnetes System von Alleen, Wegen, kulissenartigen Heckensegmenten nimmt Bezug auf das Haus oder die Villa. Buchsbaum ist der Rohstoff für die Beete, deren Linien und Muster die des Orientteppichs nachempfinden, worin farbiger Ziegelsplitt, Marmor oder Kalk den Eindruck noch unterstreichen. Conrad Gesner, der Zürcher Naturforscher und Arzt, beschreibt im 16. Jahrhundert unterschiedliche deutsche Gärten und bemerkt, „in den meisten wohlausgestatteten Gärten wird Buchs gehalten. Da er ständig grün und saftig ist, fällt er angenehm ins Auge.“

Bambus, das verholzende Gras aus Fernost, setzt neue immergrüne Akzente. Es gibt einige winterharte, riesige oder zwergwüchsige Arten für den Garten.

Der Rostocker Arzt Peter Lauremberg preist in seinem Buch „Horticultura“ die Hecken. Sie hätten Vorrang vor anderen Einfriedungen, „weil sie sich so kunstvoll schneiden lassen und die Gärten mehr zieren“. Lauremberg gibt eine Anleitung zur Herstellung kunstfertig geformter Hecken, und das Pflanzmaterial dafür ist beileibe nicht nur auf Buchs und Eibe beschränkt. Er spricht von der Kunst, wie man Figuren aller Art formt, und davon, wie die Gärtner winters aus entrindeten Haselruten verschiedene Figuren zurechtbiegen und sie im Frühjahr dann auf die Hecken bringen. Daran sprießendes Heckengrün wissen sie zu lenken und später ihr Werk mit der Schere zur Vollkommenheit zu bringen. Ein berühmter Zeitgenosse, Francis Bacon, zeigt Ablehnung und bemerkt in seinem Essay über Gärten (1625), daß er sich nichts aus Dingen mache, die „aus Wacholder und anderem Zeug" geschnitten seien. Hundert Jahre davor fand sich in Frankreich alles erdenklich Ergötzliche, vom Federvieh bis zu ganzen Armeen von Pferden samt Fußvolk, und alles aus Buchs geformt. Im Barock verlor sich dort allmählich die Mode, den Hecken „tausenderley wunderliche Gestalt" zu geben. Schlichte Kegel, Kugeln, Zylinderformen wurden bevorzugt. Der beschnittene Baum

Buchs, Eiben und Hainbuchen lassen sich willig formen. Klassisch beschnitten sind sie erneut für heutige Wohngärten gefragt.

wurde zum Ausdruck menschlicher Kunstfertigkeit.

Mit der Aufklärung im 18. Jahrhundert wurde der Unmut über das Bäumebeschneiden lauter. Der englische Dichter Alexander Pope macht durch eine Satire im „Guardian" das „Topiary work" lächerlich. Auch der berühmte deutsche Gartentheoretiker C. C. L. Hirschfeld verurteilt Ende des 18. Jahrhunderts die „Baumverstutzerei" als geschmacklos. Selbst die vergleichsweise simplen Erscheinungsformen beschnittenen Buchses im Bauerngarten, formaler Nachhall adeliger und bürgerlicher Gartenszenerien, fanden zu unterschiedlicher Zeit liebevolles Gedenken oder harsche Kritik.

In der zweiten Hälfte des 19. Jahrhunderts entdeckt man in England am „topiary work" historische und sentimentale Werte. Auf dem Kontinent haben sich besonders die Niederländer seit Jahrhunderten dem kunstvollen Figurenschneiden gewidmet. Auch heute noch sind Alsmeer und Boskoop gerühmte Zentren für den Anbau dekorativer Buchsbäume. In Großbritannien ist Topiary eine Art ländlicher Volkssport, besser eine Volkskunst geworden.

Wer sich an normalem Heckenschnitt erschöpft, mag keine Neigung haben, sich zusätzlich an Bordüren und Kugeln zu versuchen. Beschnittener Buchs ist hübsch anzusehen, aber er macht Arbeit. Mit einem vier bis fünf Jahre alten Gehölz und einer gefertigten Drahtmusterform ist der Anfang getan. Die Triebe werden sodann geduldig innerhalb der Form gelenkt und festgebunden. Erst wenn der Strauch genügend innere Stabilität hat, mag spielerisch weggeschnitten werden, was aus der Drahtform ragt. Das alljährliche Beschneiden geschieht am besten im August/September. Neben Geduld braucht es Humor, wenn man den eigenen Schöpfungswillen lenkt. Doch auch den Gegnern des Formschnitts wird nicht verborgen geblieben sein, daß lebendige, immergrüne Gartenarchitekturen den Garten besonders im Winter heimelig machen. Die dichte Textur der geformten Immergrünen stellt sich in exzellenten Kontrast zu Stein und Ziegel.

Kleine Gärten, die als erweiterte Wohnräume genutzt werden, hat man das ganze Jahr über vor Augen. In den Innenstädten bleibt manchmal nur noch ein Ausblick auf einen tief unten liegenden Hof, der für gewöhnlich mit Betonplatten belegt ist oder allenfalls ein Rasenviereck bietet, das niemand betreten darf. Ein Buchsparterre wäre da hübscher anzusehen. Der Buchs muß nicht notwendigerweise in traditionellen Mustern gepflanzt sein, er kann in schwingenden Flächen mit Kies oder Klinkerbändern, selbst mit anderen teppichartigen Immergrünen zu einer reizvollen Oberflächengestaltung kombiniert werden. Man könnte sogar Buchs, Eiben, Liguster, auch efeubewachsenes Lattenwerk dazu verwenden, um mit ihnen kleine Räume innerhalb eines Gartens zu formen. Eine Gestaltung dieser Art provoziert räumliches Erleben ähnlich einem weitläufigen Labyrinth. Jede dieser Räumlichkeiten sollte mindestens 1,50 Meter hohe Hecken haben, um sie als definierten Raum auch erfahrbar werden zu lassen. Zwei Öffnungen erlauben einen Rundgang. Der Boden solch eines Miniraumes kann von Rasen bewachsen oder gepflastert sein, nur sollte er möglichst keine andere Vegetation zur Geltung bringen wollen, weil dadurch die Wirkung des Raumes als solchem geschmälert wäre.

Bei aller Lust am Architektonischen, an den immergrünen Gartenwänden und den skulpturalen Effekten sollte man gleichwohl nicht vergessen, daß ein Garten auch Lebensprozesse erlebbar machen soll. Oftmals wird der Garten oder Gartenhof vor den Wohnzimmerfenstern lediglich als „Bild“ im Sinne einer unveränderlichen Szenerie gesehen. Die Pflege wird von den Besitzern wie im Haus selbst gehandhabt, wo Ordnungsvorstellungen und Sauberkeit das Aussehen bestimmen. Alles allzu Rigide ist selbst für einen Wohngarten tödlich.

Der Rasenplatz eines Stadtgartens könnte auch als „Waldlichtung“ betrachtet werden, wo laubabwerfende wie immergrüne Gehölze zwanglos zueinander in Kontrast stehen und lebendige Strukturen bescheren. Man kann soweit gehen, daß man das Grün, das Ruhe und Geborgenheit verheißt, zum tragenden Thema werden läßt. Das Blattgrün wird dann in vielfältiger Weise variiert, von dunklen Immergrünen zu Pflanzen, die mit unterschiedlichsten Blättern und selbst den Blüten noch Grün beschwören. An platzsparenden Lattengerüsten könnten Pfeifenwinde (*Aristolochia*) und Knöterich (*Polygonum*) schlingen. In den Beeten würden sich grünblühende Stauden wie Christrosen (*Helleborus*), Wolfsmilch (*Euphorbia*) und Frauenmantel (*Alchemilla*) finden. Dort könnten im Winter Bergenien (*Bergenia*) und Kirschlorbeer (*Prunus laurocerasus*) mit glänzenden Blattoberflächen vor mattem Eibengrün das Thema beziehungsreich ergänzen, könnten mit den anderen Pflanzen, mit deren Blättern solch „monochromen“ Garten zu einem Kunstwerk werden lassen.

Darüber hinaus sei hier auf die unendlich vielen kleinen Sträucher, Kräuter und Stauden hingewiesen, die im Winter grün bleiben und die unsere Vorfahren noch nicht kannten, von den Palmlilien (*Yucca*), Kriechspindeln (*Euonymus fortunei*), Gräsern bis hin zu den Matten von Ysander (*Pachysandra terminalis*) und Stachelnüßchen (*Acaena*).

Blühende Buchszweige (links) an einem unbeschnittenen Strauch bekommt man selten zu sehen.
Kirschlorbeer, Efeu und Rhododendren sind Pflanzenschätze für schattig-feuchte Stadtgärten (rechts).

Blütenpracht im Rhododendronpark

Als ein Ergebnis leidenschaftlichen Gärtnerns blühen hier Driften von Azaleen und Rhododendren im Laubschatten großer Buchen. Zur Blütezeit bieten diese variablen fernöstlichen Gehölze, die Trockenheit und Kalk im Boden verabscheuen, ein zauberhaftes Bild.

Sich einen Garten im Bannkreis einer großen Stadt als friedlich vorzustellen, entspricht gängigem Klischee. Und genau dies wird man erfahren, kommt man aus Frankfurts Mitte und passiert das große Parktor. Zuvor noch Glas und Aluminium, Verkehrslärm, hastende Zeitgenossen und nun: Waldschatten, ruhig und grün. Allenfalls ist da ein rhythmisches Tack-Tack-Tack von mehreren Wassersprengern zu hören. Am Gezweig hängen Wassertropfen wie Lichtperlen, fallen in wohligen Schauern auf Rhododendrendickichte.

Seinen anderthalb Hektar großen Park nennt Graf Thassilo von Montgelas schlicht Wald. In den zwanziger Jahren hatten die Eltern des Grafen einen Anteil eines großen Waldparks erworben und später darauf die jetzige Villa erbaut.

Zahlreiche Parkanlagen wie diese – auch öffentliche – entstanden seit der Mitte des letzten Jahrhunderts außerhalb der geschleiften Stadtwälle und -gräben Frankfurts. Sie zeugen vom Selbstvertrauen der Bankiers und Handelsherren der schon immer erfolgreichen Kaufmannsstadt. In den rasch heranwachsenden Städten Europas erachtete man solche Anlagen als raumgliederndes Element und als Frischluftreservoir.

Alle diese städtischen Parkanlagen waren mehr oder weniger deutlich stilistisch am englischen Landschaftspark orientiert. Sheffield-Park oder Stourhead sind zwei der berühmtesten. Graf Montgelas kennt sie schon lange. Als junger Mann reiste er in England. Besonders in Sheffield-Park, wo Lancelot Brown, genannt „Capability" Brown, in der zweiten Hälfte des 18. Jahrhunderts die Seenlandschaft gestaltet hatte, sah er vollendete Eichen- und Zedernhaine, Wasserflächen, in denen sich malerisch blühende Rhododendrenhänge spiegelten. Ähnliches war ihm, wenn auch in vergleichsweise bescheidenerem Maß, aus dem großelterlichen Park am Haus Buchenrode oder den Anlagen befreundeter Familien in Frankfurt bekannt. Sie formten zusammen sein persönliches Gartenideal.

Ein erster Besuch an einem Novembertag vermochte das Wesen dieses Waldparks aufzuzeigen: Auf leicht geneigtem Terrain boten sich Abfolgen räumlich unterschiedlich gegliederter Waldszenarien. Der Rundgang auf sich windenden Gras- oder Kieswegen gewährte reizvolle Anblicke und Ausblicke. Wenig tiefeingreifende Furchen im Gelände, als Farntälchen gestaltet, erinnern daran, daß das Grundstück einst als Steinbruch genutzt wurde. An den Rändern dieser Senken tritt das blanke Gestein, bläulicher Lungenbasalt, zutage. An jenem Novembertag war das Gold der Buchenkronen schon fadenscheinig geworden, ein Großteil des Laubes zu Boden gefallen. Die Stämme hoben sich vor immergrünen Rhododendronkulissen bemerkenswert ab. In der feuchten Atmosphäre schimmerte die silbriggraue Rinde der Buchen auf wie eine eifrig geputzte Ritterrüstung. Die rotglühenden und buttergelb verfärbten Blätter der Azaleen waren längst abgefallen. Geblieben waren lediglich dünne, nunmehr bräunlich verfärbte Schichten von Fallaub unter dem himmelwärts gestreckten, ärmlich wirkenden Azaleengezweig.

Graf Montgelas ist ein ausgesprochener Rhododendron-Liebhaber. Er mag ihn, er kennt ihn und, wo immer es möglich ist, pflanzt er ihn zwischen die Buchen, unter die Eichen und Kiefern im Park. Er ähnelt darin jenen britischen Landadeligen, die seit der Jahrhundertwende die unbeschreibliche Vielfalt der Rhododendren, die als Ausbeute bezahlter Expeditionen von Fernost und aus Amerika zu uns nach Europa kamen, kurzerhand in die Wälder pflanzten. Entsprechend den Bedingungen der ursprünglichen Heimat, verlangten die Neuankömmlinge luftfeuchte Lagen. Sie waren in den halbschattigen, windgeschützten Lichtungen der Wälder gut aufgehoben. Dort findet sich obendrein der saure Laubhumus, den Rhododendren schätzen. All diese fremden Rhododendron-Arten verführten alsbald dazu zu kreuzen, sie zu selektieren nach Farben, nach veränderten Merkmalen und sie so auszuwählen, daß sie hiesigem Klima besser entsprachen. Doch erst als die Gärten kleiner wurden, begann man das gestalterische Potential all dieser neuen Hybriden zu entdecken und sie nicht nur massenweise unter die Waldbäume zu pflanzen, sondern in Beziehung zur übrigen Vegetation zu setzen.

„Hier hab' ich alles, was Hans Hachmann aus Barmstedt an neuen Züchtungen herausgebracht hat." Mit Genugtuung bemerkt Graf Montgelas das. Das lokale Weinbauklima und die halbschattige Lage erlauben die Pflanzung vielfältiger Rhododendronhybriden. Zuweilen vereiteln Spätfröste im April die frühe Blüte einzelner Sorten. In trockenen Sommermonaten und gelegentlich zur Hauptblütezeit im Mai müssen die Rhododendren beregnet werden. Neben den altvertrauten Sorten, die aus Kreuzungen mit *Rhododendron catawbiense, Rhododendron arboreum* und *Rhododendron ponticum* hervorgingen, finden sich Sorten anderer wichtiger Hybridengruppen: so die Rhododendron-forestii-repens-Hybriden. Diese zeichnen sich durch ihren niedrigen Wuchs aus. Typisch sind die glockenförmigen Blüten und die auffälligen Rottöne. Die bekanntesten Sorten stammen aus der Zucht von Dietrich Hobbie. Auch die Williamsianum-Hybriden werden nicht so mächtig wie die üblichen Gartenhybriden. Auffällig sind die rundlichen Blätter sowie die weitgeöffneten Blütenglocken in vorwiegend karminrosigen Tönen. Die Züchtungen von *Rhododendron yakushimanum* sind allesamt von kompaktem, niedrigem Wuchs. Sie haben mattgrüne, unterseits graufilzige Blätter. Die kugelförmigen Blütenstände variieren in weißrosigen Tönen. Sehr hübsch und kontrastreich geben sich die farblich intensiveren Knospen zu den bereits geöffneten blassen Blüten. Die begehrte gelbe Blütenfarbe wird

Hydrangea macrophylla ssp. *serrata* 'Bluebird' bringt mit der niedlichen *Astilbe chinensis* var. *pumila* spätsommerliche Farbe ins Laubwalddunkel. Die Unterpflanzung hält sich gut bis weit in den Herbst hinein.

Ungewöhnlich ist die Masse des goldgelben Sonnenhuts *(Rudbeckia fulgida),* ein breiter Strom, der sich im Sommer über die helle Rasenlichtung am Haus ergießt.

Unter den Bäumen ist die Fülle des Lichts noch gesichert (großes Bild). Dicke schwellende Knospen versprechen einen reichen Frühlingsflor, der sich schon an manchen Pflanzen zeigt: gelbe und weiße Narzissen, blaues Kaukasusvergißmeinnicht, rosa Magnolien und Blutpflaumen.

Die Villa auf einer Lichtung im Waldpark wird durch den Flor sommerlicher Blütenstauden wie Phlox, Rudbeckien, Canna und Dahlien gerahmt (oben).

Die Knap-Hill-Azaleen (oben) zeigen die gelbe Blütenfarbe des *Rhododendron luteum* in großblütigen Dolden und in verfeinerter Farbmodulation.
Eine Gruppe üppig blühender Rhododendren (rechts) wird übertürmt vom Japanischen Blumenhartriegel *(Cornus kousa)*.
Ein Blütenrausch bestimmt im Mai die Waldszenerie (großes Bild).
Wie Farbbänder winden sich die blühenden Kurume- und die Knap-Hill-Azaleen unter den Bäumen.

Jede Menge Bodendecker

Es mag vor einem Jahrzehnt angefangen haben, daß man an den Straßen die Baumscheiben mit Rindenmulche belegte. Die Sache fand enorme Beachtung und ist nun schon eine gärtnerische Mode geworden. Doch wer sich vor diesem Zeitpunkt sein Gemüse biologisch-dynamisch anzubauen pflegte, war mit dem Mulchen vertraut, verwendete Stroh, Sägemehl und anderes Material, um dem Boden die Gare zu erhalten und das Auflaufen unliebsamer Wildkräuter zu beschränken.

Die Elfenblumen *(Epimedium)* sind wertvolle Schattenstauden. Das Laub von *Epimedium x rubrum* (links) ist hübsch rot gezeichnet und ansehnlicher Schmuck in den Herbst- und Wintermonaten. Der graufilzige Wollziest *(Stachys byzantina)* taugt für Einfassungen an sonnig-trockenen Plätzen (rechts).

Dem Bodenleben genauso förderlich ist es, die Krume mit lebendigen Pflanzendecken zu begrünen. Um notwendiges Graben, Hacken und Jäten zu beschränken, hält man den Boden möglichst mit Vegetation bedeckt. Man erwarte aber nicht, daß lebende Bodendecken die Lösung aller Gartenprobleme sind und man nie mehr zu jäten hat. Pflanzen können recht spitzfindig sein, um zu überleben. Da mag es durchaus vorkommen, daß jemand zwar nicht mehr gegen Löwenzahn und Quecken ankämpft, sich statt dessen aber abmüht, die Florentinische Taubnessel wieder loszuwerden. Doch das ganze hat auch eine ästhetische Dimension. Man entdeckt, daß diese Pflanzenteppiche unter Baum und Strauch anstelle eines schütter gewordenen Rasens oder auf sonniger Böschung hübsche, abwechslungsreiche Vegetationsbilder bescheren und Ziel des Gärtnerns sein können. In England ist der Umgang mit seltenen Laubschmuckstauden so etwas wie Top-Gärtnern, und man macht viel Aufhebens davon.

Als Bodendecker kann man im weitesten Sinne alle Pflanzen bezeichnen, deren beblätterte Stengel den Boden dicht verdecken und die weniger wünschenswerten Pflanzen in ihrer Entwicklung beeinträchtigen. Eine sorgfältige, standortgerechte Auswahl an Pflanzen ist angebracht. Die natürliche Verbreitung wie die Herkunft einer Pflanze lassen häufig Rückschlüsse darauf zu, wie man diese Pflanzen bei sich im Garten verwenden könnte. Dies mag auch anregen, selbst zu gestalten.

Im herangereiften Garten sind die Pflanzengesellschaften fest etabliert. Eigentlich braucht man nur Sorge zu tragen, die gewachsene Struktur zu erhalten. Doch mit fortschreitender Zeit entwickeln sich durch die heranreifende und absterbende Vegetation dann doch neue Gartensituationen, die bedacht werden müssen. So können sich Beetstauden nach einigen Jahren je nach Zusammensetzung mehr oder weniger schnell erschöpfen. Sie wachsen und blühen nur mehr verhalten, weil sich die Pflanzen gegenseitig behindern. Gehölze in der Nähe von Staudenquartieren verursachen Schatten und Wurzeldruck. Bei der Erneuerung ist dann zu überlegen, ob nicht ein Teil der Beetstauden durch Bodendecker zu ersetzen wäre. Zunächst mag man das verminderte Blühen bedauern, doch wenn man die rechten Bodendecker wählt, erweist sich das Miteinander von Blütenpflanzen mit Pflanzen, die hübsche Blätter und Strukturen haben, als Bereicherung.

In sonniger Lage und in leichtem Boden ließen sich Pflanzen verwenden, die ihres Wucherns wegen immer verpönt sind. Auf leichten Böden sind diese ohne große Mühe wieder zu roden, wenn man ihrer leid ist oder wenn sie zu viele Quadratmeter füllen. Die meisten dieser Pflanzen laufen unterirdisch nur flach. Man sollte solche Pflanzen möglichst flächig zwischen den horstartig wachsenden Stauden oder Gehölzen verwenden. An die sonnigen, üblicherweise kahlen Säume vor Gehölzen lassen sich zum Beispiel unterschiedliche Sta-

chelnüßchen (*Acaena*) pflanzen, die mit ihren fein gesägten, stahlblauen, meergrünen oder kupfrigen Blattvarianten eine hübsche Ergänzung sind. Sie könnten auch den Boden abdecken, wo vordem Blumenzwiebeln geblüht haben. Wo der Phlox nach Jahren anfängt zu kümmern und zu dürsten, wo die Herbstastern schlappen und Mehltau bekommen, zaubern silberweißes Hornkraut (*Cerastium tomentosum*), silbrige Rauten (*Artemisia*-Arten), Wolfsmilcharten (*Euphorbien*), das *Geranium renardii* mit seinen graugrünen Blättern und Wollziest (*Stachys byzantina*) helle, silbrig-grüne Strukturen hervor. Die genannte individuelle Auswahl läßt sich noch durch Pflanzen ergänzen, die sich bereitwillig aussamen. Pflanzen, die man wachsen läßt, wo sie einem gefallen, und dort, wo sie stören, rodet. Erwähnt seien silberne Edeldisteln (*Eryngium giganteum*), Eselsdisteln (*Onopordum*), die Mariendisteln (*Silybum marianum*) mit silbrig gefleckten Blättern, verschiedene Königskerzen (*Verbascum*) und strahlende Lichtnelken (*Lychnis*). Auf frischerem Boden und in sonnig-halbschattiger

Lage könnten unterschiedliche Storchschnabelarten (*Geranium*), Sterndolden (*Astrantia*), Frauenmantel (*Alchemilla*) mit sich versamenden Stauden wie Fingerhut (*Digitalis*) und Akeleien (*Aquilegia*) willkommene Lückenbüßer sein.

Doch ein heranreifender Garten wird von Jahr zu Jahr schattiger. Für solche Gärten lassen sich zauberhafte und eigenwillige Pflanzenteppiche auf immer kahler werdende Beete bringen: Günsel (*Ajuga reptans*), Elfenblumen (*Epimedium*), Lungenkräuter (*Pulmonaria*), Waldmeister (*Galium odoratum*), Haselwurz (*Asarum*), Salomonssiegel (*Polygonatum multiflorum*). In solch einem Garten wird aber den frühblühenden Blumenzwiebeln vor dem Laubaustrieb genügend Licht und Wasser geboten, um sich dauerhaft behaupten zu können. Im schütter gewordenen Rasen und im Wurzelfilz eines Gehölzrandes finden sie

Der Frauenmantel *(Alchemilla mollis)* wurde als Bodendecker erst in den vergangenen Jahrzehnten populär (links). Die grüngelben Blüten sind für Sträuße hochwillkommen.
Der heimische Kriechende Günsel *(Ajuga reptans)* ist durch Varianten mit farbigen Blättern und gesteigertem Flor eine Bereicherung für halbschattige Gartenplätze (oben).

immer noch ihnen zusagende Plätze. Winterlinge (*Eranthis hyemalis*), Schneeglöckchen, Blausterne, Wildkrokusse und Hasenglöckchen (*Hyacinthoides non-scripta*) kommen zur Blüte und schließen ihren Wachstumszyklus ab, ehe die Gehölze voll belaubt sind.

Für schattig-frische Gartenpartien gibt es zwei bedeutsame Bodendecker, die widersprüchlich zu ihrem Aussehen zu den Gehölzen zählen: Der kriechende Hartriegel (*Cornus canadensis*) und der Ysander (*Pachysandra terminalis*) kolonisieren durch unterirdisch kriechende Wurzelstöcke. Besonders anpassungsfähig ist der Ysander, der gleichwohl eine Vorliebe für schattige Lagen hat und große Flächen deckt. Einmal eingebürgert, bleibt er für immer. Die säuberlich auf niedrigem Blattquirl gebotenen Bracteen des Hartriegels sind sehr hübsch. Beide Pflanzen brauchen sauren Boden.

Lebhaft gezeichnet gibt sich die Sorte 'Emerald'n Gold' (links) der Kriechspindel *(Euonymus fortunei)*. Die immergrünen Matten des Gehölzes sind ein erfreulicher Winterschmuck. *Campanula portenschlagiana* (rechts) blüht überreich im Frühsommer. Die robuste Pflanze verträgt trockene Standorte.

Kein Pflanzproblem scheint größer zu sein als Trockenheit mit Schatten kombiniert. Es ist schwer, in stark durchwurzeltem Boden eine dauerhafte Begrünung zu erreichen. Besonders Buchen, Birken, Linden und Ahorne schicken ihre Saugwurzeln bis an die Oberfläche, und ihr Schatten ist dicht. Unter eng stehenden Nadelbäumen kann oft nicht mehr wachsen als der Waldsauerklee (*Oxalis acetosella*). Der Boden unter Gehölzen sollte gelockert und mit Humus angereichert werden, ehe man sich anschickt, irgendwelche bodendeckenden Stauden darunter zu pflanzen. Wenn das Eingewöhnen verständnisvoll durch zusätzliches Wässern unterstützt wird, können Efeu, Funkien, Wurmfarn (*Dryopteris filix-mas*), Schildfarn (*Polystichum setiferum*), Bergenien, Immergrün und Elfenblumen trocken-schattige Lagen erstaunlich gut ertragen. Doch immer wenn es schwierige Pflanzsituationen zu überwinden gilt, kann man sich an Efeu halten. Es gibt eine Überfülle an Sorten, da Efeu naturgemäß dazu neigt, sich zu verändern. Die Form der Blätter wie die Variation des Blattgrüns sind unglaublich mannigfaltig. Wenn man diese Vielfalt möglicher Efeumatten unter Bäumen in Betracht zieht, verlieren schattig-trockene Pflanzplätze an Schrecken.

Viele Bodendecker sind immergrün, oder ihre Blätter bleiben im Winter ansehnlich, ehe sie im Frühjahr neu durchtreiben. Goldbeere (*Waldsteinia*), Ysander (*Pachysandra*), Bergenien, Haselwurz (*Asarum),* unterschiedliche Steinbrecharten, Gräser und Farne sind immergrün, und es gefällt ihnen im Halbschatten. Immergrüne Pflanzsäume und -flächen lassen sich durch kontrastierende Blattschmuckstauden und Gehölze ergänzen, die die Blattformen beteiligter Pflanzen herausstreichen. Die palmwedelartigen Blätter der Nießwurz (*Helleborus foetidus*) lassen z. B. die runden Blatteller von Bergenien noch auffälliger werden. Solche Kontrastpflanzen brauchen nicht nur immergrün zu sein. Funkienhybriden mit aufregend blauen, gelblichen oder weißgezeichneten Blättern sowie rötliche Rodgersien (*Rodgersia*) oder Silberkerzen (*Cimicifuga*) können ein gewünschter Gegenpart sein. Pflanzen mit variegierten Blättern – also mit hellen Blattzonen – sollten möglichst nicht flächig verwendet werden, da sie unruhig wirken. Einzeln und in kleiner Gruppe zwischen den anderen Pflanzen jedoch sind sie ein frischer Akzent.

Rosenbeete durften früher allenfalls eine staudige Fassung haben. Manchmal gesellten sich zu Floribundarosen Katzenminze und Lavendel. Heutzutage darf sehr viel mehr zwischen und unter den Rosen wachsen. Unser beschränkter Gartenraum will eben genutzt sein. Strauchige Fingerkräuter (*Potentilla fruticosa*), Strauchspiere (*Spiraea japonica*), Johanniskraut (*Hypericum*-Arten), niedrige Ginster-Arten und immergrüne Spindelsträucher (*Euonymus fortunei*) lassen sich gut mit allen möglichen Rosen kombinieren. Gelegentlich machen sich zwischen den Rosen Pflanzen von allein breit, die aber durchaus willkommen sind: Mutterkraut (*Chrysanthemum parthenium*), Leinkraut, Marienglockenblume (*Campanula medium*) und Jungfer im Grünen (*Nigella damascena*). Darüber hinaus gibt es jede Menge ausdauernde Pflanzen, die den Rosen beigestellt werden können und deren Entwicklung kaum stören. Vor deren Flor können zwischen den Beetrosen Aurikeln, Traubenhyazinthen und Veilchen blühen. Zur Rosenblüte dann sind Hornveilchen (*Viola cornuta*), die Blätter des Labradorveilchens (*Viola labradorica*), die Karpatenglockenblume (*Campanula carpatica*) und die Dalmatinische Glockenblume (*Campanula poscharskyana*) eine hübsche Ergänzung. Über die klassischen blaublütigen Rosenbegleiter Rittersporn, Ochsenzungen und Glokkenblumen hinaus gibt es noch mehr: Blaublättriges und Blaublütiges wie Schafsschwingel (*Festuca ovina*), Weinraute (*Ruta graveolens*), Perovskien (*Perovskia*), Ehrenpreis (*Veronica*) und einjährige Lobelien (*Lobelia erinus*).

Stauden mit imposanten Blatttrichtern und weitüberhängenden Blattwedeln wie das Kaukasusvergißmeinnicht (*Brunnera macrophylla*), Funkien, Spanischer Kerbel (*Myrrhis odorata*) und viele Farne lassen sich mit früh einziehenden Zwiebelblumen kombinieren, da sie deren einziehendes, unschönes Laub verdecken. Wenn die Rhododendren, die Rosen, die Narzissen und der Flieder gerade nicht blühen, muß man keine Sorgen haben, daß der Garten langweilig wird. Die unterschiedlichen Blattmuster sorgen für Abwechslung.

Der Blaustern (*Scilla siberica*) zählt zu den vorzüglichen Massenblühern im vorfrühlingshaften Garten unter noch kahlem Gesträuch (links). Die kleinen Blumen vermehren sich durch Selbstaussaat.
Der Wiesenstorchschnabel (*Geranium pratense*) bildet reichverzweigte, etwas breitlagernde, kniehohe Büsche aus (rechts). Sein Purpurblau ist hübsch in naturnahen Pflanzungen.

Ein schmucker Hausgarten

Duftende Rosenblüten und Geißblatt, Glyzinen und Klematis, die begleitet werden vom jahreszeitlich wechselnden Flor vieler blaublühender Stauden, sind die Attraktion dieses Laubengangs. Der Ausblick in den angrenzenden Garten verspricht noch mehr Rosenfreuden. Doch darüber hinaus bietet dieser mit ökonomischem Sinn und Liebe regierte Garten Früchte, Gemüse, jede Menge Schnittblumen und drolliges Federvieh.

Den Wechselfällen des Lebens, auch denen im Garten, stellt sich Charlotte Ottens mit vehementer Tatkraft. Als sie 1976 Haus und Garten in Bad Homburg aufgab und nach Eggolsheim in Oberfranken zog, ahnte sie nicht, daß das Klima ihr neue schmerzliche Erfahrungen bereiten würde. Sie war bis dahin zu einer kundigen Rosenliebhaberin herangereift und immer bereit, mit Erfahrungen und Beobachtungen den Mitgliedern im Verein deutscher Rosenfreunde dienlich zu sein. Die persönliche Rosenkollektion war ihr ganzer Stolz gewesen.

Charlotte Ottens fürchtet den harten Böhmerwind, der vom Osten her über das Fichtelgebirge ins Frankenland pfeift. Er nimmt den Pflanzen die Feuchtigkeit und raubt so mancher Lieblingsrose den Lebenswillen. Es ist wie Max Freiherr von und zu Aufsess gesagt hat: „In Franken fangen sich die Winde." Minus zwanzig Grad im Winter kommt häufiger vor, und fast jedes Jahr gibt es obendrein noch Spätfröste. Der April ist für Charlotte Ottens ein Wintermonat. Die Lage des neuen Gartens am Dorfrand, der sich aus freiem Feld entwickeln mußte, war besonders exponiert. Es galt eine Schlacht zu schlagen gegen Disteln und Quecken. Wühlmäuse und Maulwürfe machen ihr immer noch zu schaffen. Da war dann noch die leidige Sache mit dem Wasser, durch ein Leck in der Leitung wurde ein Teil des herangewachsenen Gartens verwüstet.

Als wir an einem Spätsommertag in den Garten kommen, lechzt alle Vegetation förmlich nach Wasser. Es hatte wochenlang nicht geregnet. Der weitläufige Rasen gibt sich ein wenig strapaziert, obwohl ihm anzusehen ist, daß er bestens versorgt wurde. Dem Trompetenbaum (*Catalpa bignonioides*) auf dem Rasen hingegen scheint die Trockenheit und Hitze zu gefallen.

Auf der Nordseite des weißverputzten Hauses liegt der gepflasterte Eingangshof nebst Garage. Dort findet sich auch ein umfriedeter Gartenteil für diverse Anzuchten und Schnittblumen, für Obstspaliere, Gewächshaus und Geräteschuppen. Das Hauptgartenareal erstreckt sich südwärts des Hauses. Vom Terrassenbereich gelangt man durch einen langgestreckten Laubengang in einen geometrischen Rosengarten. Die angrenzende zentrale Rasenfläche wird durch eine Gehölzpflanzung und einen Weiher eingefaßt. In der äußersten Südecke gibt es Stallungen für Kleintiere und ein geräumiges Areal zur Kompostbereitung. Die klare Gliederung des Gartens in unterschiedliche Bereiche bezeugt einen Sinn für Ordnung. Das alles ist obendrein untadelig gepflegt. Frau Ottens selbst und ein angestellter Mitarbeiter tragen Sorge, daß alles seinen geordneten Gang geht.

Beim Rosengarten steht ein Taubenhäuschen. Wenn die weißen, possierlichen Pfauentauben im Laubengang spazierengehen, sind sie jedermanns Entzücken und stehlen den Rosen die Schau. Die Pfauentauben vertragen sich mit den etwas zierlicheren Schöneberger Streifigen recht gut.

Die weißen Lachtauben hingegen leben zusammen mit den Goldfasanen und den Wachteln in einer Voliere. Charlotte Ottens hat obendrein Freude an Zwerghühnern. Sie hält in einem Extragehege Barnevelder-Zwerghühner. Früher bevölkerten den Weiher auch Enten, doch diese zeigten über den Weiherbereich hinaus zu starken Expansionsdrang. Sperber schlagen leider alljährlich ein oder zwei der Pfauentauben. Doch ganz besonders schlecht ist sie auf die Elstern zu sprechen, die sich rasant vermehren und den Tauben die Eier rauben.

Charlotte Ottens wird immer wieder gefragt, warum sie sich dem allen unterwerfe, dem Rasenmähen, der Blumenpflege und der Kleintierzucht. Die schlichte Antwort: Sie hat einfach Freude daran. Sie trachtet nicht danach, eine fragwürdige Idylle aus dem Liegestuhl bestaunen zu können. „Die Muße, die eingesparte Zeit durch technischen Fortschritt, werde ich weiterhin verwenden, um noch mehr Blütenpflanzen heranzuziehen, auch wenn mir die Verwendung Kopfzerbrechen bereitet.“ Sie zieht alljährlich 2000 Annuelle aus Samen heran. Auf gärtnerische Trends und Moden reagiert sie allergisch, besonders wenn diese Arbeitsersparnis verheißen. Eine Wildblumenwiese zu entwickeln, nur weil man den Rasen nicht mähen mag, ist ja auch ein Unding. Sie hält auch nichts davon, ihre Rosen mit Gräsern und Stauden zu mischen. Nein, sie mag ihre Rosen lieber ordentlich für sich, um sie besser pflegen und hegen zu können. Gleichwohl hat sie in den letzten Jahren gute Erfahrungen sammeln können, Annuelle als Begleitpflanzen zu Beetrosen zu verwenden, besonders Verbenen, *Salvia farinacea* und das Straußgras (*Agrostis nebulosa*). Ihre Erfahrungen werden alljährlich neu bedacht und neue Kombinationen erprobt.

Schon als kleines Mädchen war Charlotte Ottens mit Rosen sehr vertraut, doch in anderer Weise, als man vermuten würde. Es waren Stoffrosen. Man hatte ihr beigebracht, geduldig auf einer Metallkugel zarte Kelchblätter auszuformen, um daraus Rosenblüten zu fertigen. Die Rosen waren der Schmuck für sommerliche Strohhüte. Und selbst heute noch sind Rosen der Anstoß, sich kunsthandwerklich auszudrücken. Sie fertigt künstlerische Seidenstickereien und Klöppelarbeiten. Auf dem Weltrosenkongreß in Baden-Baden, der Rosenromantic 83, war eine dieser Arbeiten bewunderter Anziehungspunkt. Charlotte Ottens hatte eine Szene aus der romantischen Oper „Freischütz“ bildnerisch interpretiert. Sie zeigte eine stilisierte Brautkrone aus geschliffenen Kristallen und Schmelzperlen, aus gestickten und geklöppelten Bändern.

Charlotte Ottens umhegter Rosenliebling ist eine ‘Maréchal-Niel’-Rose. Es ist jene gepriesene Noisette-Rose, die von unseren Urgroßeltern um die Jahrhundertwende in Gewächshäusern gezogen wurde. Alma de l’Aigle, berühmte Hamburger Rosenkennerin und Schriftstellerin, war dieser Rose gleichfalls zugetan und schwärmte: „Die Blüte, die aus der aufgerollten Knospe von edler Schmalheit sich entfaltet, wird getragen von einem hängend gebogenen Stiel, der Schwäche aber nur vortäuscht; seine Biegung ist starr. Und dann die Blüte von höchster Rassenschönheit! Streng gebändigt durch das Formgesetz, das auch sie so lange wie möglich in der schmalen Form erhält, aber endlich quillt der Reichtum an Farbe und Duft nun doch unaufhaltsam hervor. Der Duft ... hat die Lieblichkeit der Teerose, die Kraft des Lilienduftes und doch diese schwebende Leichtigkeit, diese Jungfräulichkeit, die auch in der knospenhaften Gestalt der Blüte liegt." (Alma de l'Aigle, „Ein Garten", 1948). Diese Rose wächst in einem der drei Gewächshäuser und blüht im März/April. Die Rosen schätzen den leicht alkalischen, kräftigen Boden mit Tonuntergrund, den ihr Garten bietet. Ihre persönliche Auswahl an Rosensorten ist beeindruckend, weil jede Rose eine spezifische Tugend zeigt, die sie über den bloßen Anspruch schön zu blühen hinaus für ihren Garten begehrenswert macht. Charlotte Ottens spricht von einer Rose eigentlich nie schlecht. Die Urteile werden wohlwollend formuliert. Man registriert schmunzelnd, daß sie sich zunächst die Rosenliebhaber besieht und danach ihre Empfehlungen gibt.

Für sich selbst erachtet sie als beste „alte Rose" die 'Königin von Dänemark', eine rosarote Alba-Rose. Sie mag Moschata-Hybriden. Besonders herausgestrichen hat sie die blaßrosige 'Erfurt' mit dem kupfrig getönten Laub und die einfachblühende rosige 'Ballerina', die bis in den Herbst hinein so üppig blüht. Von der weißen Spinosissima-Hybride 'Karl Foerster', von der einfachen roten Kletterrose 'Dortmund', der niedrigen Strauchrose 'Centenaire de Lourdes' ist sie angetan, weil sie wenig Pflegeaufwand brauchen. An 'Goldfinch', der einmalblühenden weißgelben Multiflora-Hybride, mag sie die enormen Ausmaße wie auch die frühe Blüte. „Bloß nicht daran herumschneiden", ist ihr Kommentar. Imposant und frühblühend ist die rosige 'Margaret Hilling', die sie empfiehlt. 'Fritz Nobis', eine einmalblühende rosarote Strauchrose, hingegen schneidet sie alljährlich erfolgreich zurück. 'Betty Prior', die einfachblühende rosarote Floribunda, wird mit „nie enttäuschend" bedacht.

Lobend und begeistert spricht sie von den Englischen Rosen. Ganz besonders angetan ist sie von der allerersten Sorte dieser neuen Rosenklasse, der rosaroten, nach Myrrhe duftenden 'Constance Spry'. Als härteste erachtet sie 'The Prioress', deren hellrosa kugelige Blüten in bemerkenswertem Zweitflor erscheinen. Ähnlich in der Blütenform, doch tiefer im Ton gibt sich 'Heritage', die sie gleichfalls lobend erwähnt. An der gelben 'Graham Thomas' schließlich lobt sie die außerordentliche Gesundheit. Als empfehlenswert sieht Charlotte Ottens die kleine lilarosa Strauchrose 'Escapade' an, die neuen Bodendeckerrosen 'Red Yesterday' mit einer Vielzahl einfacher Blütchen und die rosarote 'Armada', die nach dem ersten Flor rasch durchtreibt. Eine öfter genannte „Lieblingsrose" ist die alte rosafarbene Teehybride 'Gruß an Aachen'. Diese bietet die Blüten zusammen mit den milchig-blauen Blütensträußchen der *Clematis jouiniana* 'Praecox'.

Neben dieser Klematis werden im Garten an die dreißig Arten und Sorten gehalten. Der Kalk im Boden gefällt offensichtlich auch den Klematishybriden. Im Frühjahr beginnt der Flor mit den Sorten der *Clematis alpina* und endet mit den gelben „Laternchen" der *Clematis tangutica* im Herbst. Auf einige der großblütigen Hybriden sei hier hingewiesen. Wunderschön machen sich die heliotropfarbenen großen Blüten der 'Victoria' zwischen den Blüten der zartrosigen Zentifolie 'La Noblesse'. Nach dem Öffnen der Blüten offeriert 'William Kennett' einen rötlichvioletten Mittelstreifen auf den lavendelfarbenen Blütenblättern, der im Fortblühen allmählich verblaßt. Doch die Sorte ist lebenskräftig und dankbar. Der weiche hellviolette Farbton der 'Mrs. Chalmondeley' harmoniert gut mit anderen Blumenfarben. Die violettblaue 'Daniel Deronda' offeriert ihre frühen Blüten häufig halbgefüllt und die späten sternig einfach. Die rosarote 'Margot Koster' ist robust und blüht sehr reich. 'Perle d'Azur', die blaueste der genannten Hybriden, ist bei Charlotte Ottens zusammen mit rahmweißen 'Sombreuil'-Rosen an einem geschützten Mauerplatz zu bewundern.

Die Trompetenblume (*Campsis radicans*) versagt häufig die lebhaften Blüten, obwohl sie einen sonnigen Standort hat. Doch die Wisterien, die zusammen mit Rosen und Klematis am Laubengang wachsen, sind blühfreudig.

Charlotte Ottens macht sich nicht viel aus gelbblühenden Blumen. Eigentlich offeriert die Ritterspornsorte 'Perlmutterbaum' in einer Blütensäule das gesamte Farbspektrum, das Charlotte Ottens besonders gern hat: Rosa, Lavendel, Heliotrop, Mauve und Blau. Bleibt nur noch, Weiß hinzuzufügen. Die Rosenfarben werden durch den Flor und das Blattwerk verschiedener Sträucher und Stauden gut ergänzt, z. B. von den blaublühenden Bart- und Säckelblumen (*Caryopteris x clandonensis* und Ceanothus-Hybride 'Gloire de Versailles') und der aromatischen *Perovskia*. Dunklen Laubkontrast setzen der rotblättrige Perückenstrauch (*Cotinus coggygria* 'Foliis Purpureis') und eine Blutpflaume (Prunus-Atropurpurea-Hybriden). Sommers bekräftigen auch die vielen Annuellen die Farbvorliebe: Hellviolette Verbenen (*Verbena bonariensis* und *Verbena rigida*), blauviolette *Salvia viridis* 'Oxford Blue', rosarote und weiße Spinnenblumen (*Cleome*), violettes Heliotrop (*Heliotropium*), purpurfarbene und blauviolette Petunien (*Petunia*) und reinblaue *Salvia patens.*

Wen wundert es, daß eine so praktische Frau wie Charlotte Ottens die Dinge, mit denen sie arbeitet, ihren Erfahrungen gemäß verändert. Mit Eifer wird eine Spritze demonstriert, die mit einem Eintaktmotor gekoppelt vier Meter Reichweite hat. Sie mischt mit der kleinsten Betonmischmaschine ihre Anzuchterden. An ihre unterschiedlichen Erdsiebe und Rundsiebe ließ sie Haltegriffe anbringen. Sie hat von der Garage etwas an Raum abgetrennt, um einen mit Wasser und Heizung versehenen Arbeitsraum zu haben, in dem sie ab Februar auszusäen und umzutopfen beginnt. Nach Wünschenswertem befragt, nennt sie ohne Zögern eine Heckenschere, deren Sicherheitsknopf nicht schon nach einer halben Stunde Arbeit den Daumen zum Erlahmen bringt. Auf dem Weg zum Auto erzählt sie uns, sie wolle zukünftig die starkwachsenden Kräuter, Liebstöckel (*Levisticum officinale*) oder Zitronenmelisse (*Melissa officinalis*), von denen man ohnedies immer nur ein Blättchen braucht, in Pflanzgefäße verbannen, um Platz zu sparen, obwohl sie an die 3000 Quadratmeter Gartenland bewirtschaftet. Doch jeder Liebhabergärtner wird ihr sofort zustimmen, läßt sich doch an besagtem Platz anderes pflanzen, wofür sich nie Platz fand.

Rittersporn und Rosen ergänzen einander vorzüglich. Charlotte Ottens mag ein Farbspektrum von rosigen zu lavendelfarbenen und blauen Tönen. Neben ihrem Lieblings-Rittersporn 'Perlmutterbaum' schätzt sie ganz besonders die Lokalsorte 'Vierzehnheiligen'.

1937 entstand diese Moschata-Hybride namens 'Ballerina' (oben). Sie sieht hübsch aus an einer Pergola oder einem Rankgerüst inmitten einer Staudenpflanzung.
'Constance Spry' (links) ist die erste Englische Rose, die 1961 in den Handel kam. Sie blüht nur einmal.
Als zauberhaftes Gespann Ton in Ton geben sich hier die Alba-Rose 'Königin von Dänemark' und die Blüten der *Spiraea japonica* (großes Bild).

1 Wohnhaus
2 Nutzgarten
3 Obst
4 Garage
5 Taubenhaus
6 Geräte
7 Gewächshäuser
8 Fuchsiensammlung
9 Pergola
10 Wasserbecken
11 Wasserspiel
12 Rasen
13 Rosensammlung
14 Ententeich
15 Geflügelhof
16 Kompostplatz

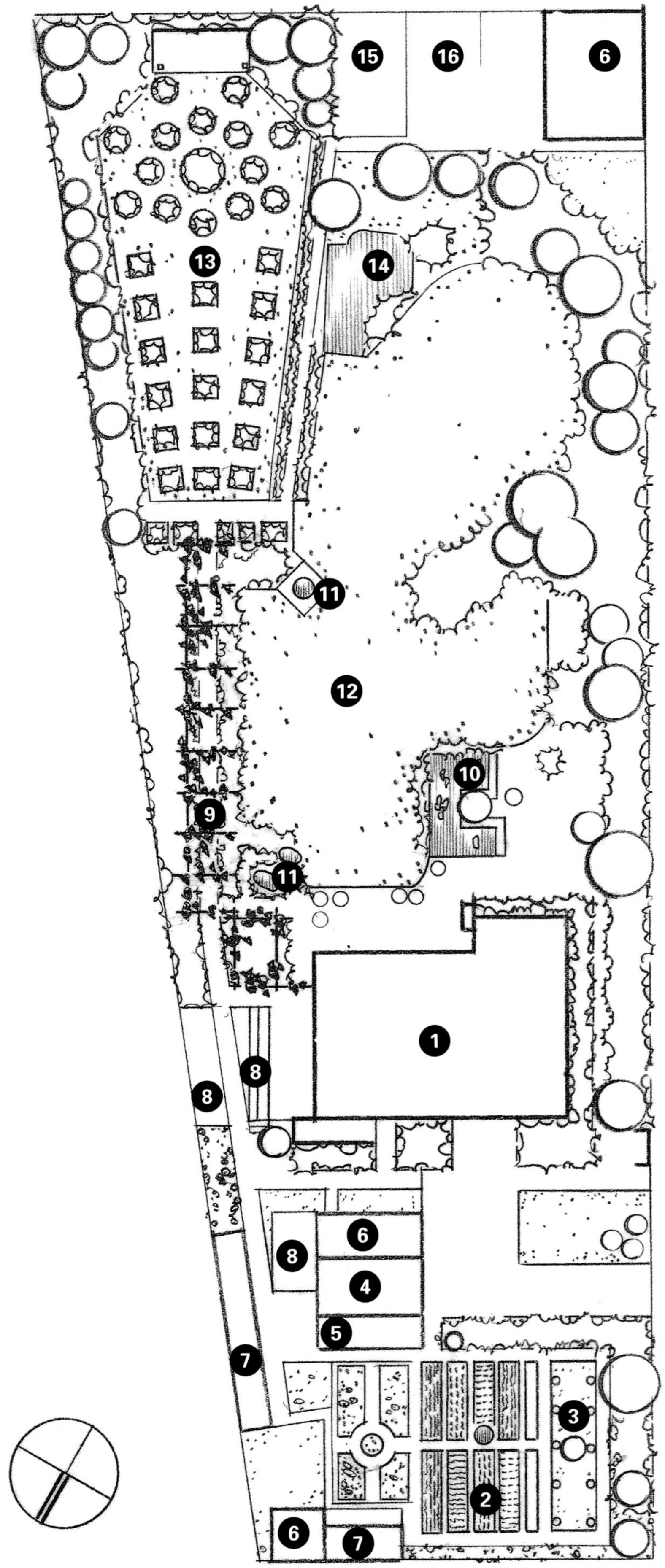

Über Winterschutzmaßnahmen

So gewiß die ersten Fröste im Herbst auch kommen, es bleibt doch ungewiß, wie sich der nachfolgende Winter gebärden wird. Soll man Winterschutzmaßnahmen ergreifen oder soll man nicht? Viele Pflanzenfreunde vertreten die Meinung, Pflanzen, die sie im eigenen Garten kultivieren, müssen auch das spezifische Klima darin ertragen und hinnehmen. Weswegen also Winterschutz betreiben? Es ist gewiß ein vernünftiger Standpunkt, sich Arbeit und Ärger zu ersparen. Gleichwohl sind unsere Winter nur bis zu einem gewissen Grad berechenbar. Wir wissen eben nie, wann der nächste grimmige Winter uns und unseren Gartenpflanzen das Leben schwer machen wird. Doch nicht alle Winterschäden gehen auf das Konto grimmiger Kälte. Es ist vielmehr die Summe unterschiedlicher Begleiterscheinungen, die manchen Pflanzen den Garaus bereitet. Für gewöhnlich ist uns ein Wechsel von Frost zu Tauwetter beschert. Auf hartgefrorene Böden fällt Regen, der die Straßen zu Eisbahnen wandelt. Nach milder, feuchter Periode mit Westwind stellt sich Hochdruckwetter mit Barfrösten ein, begleitet von frostigem Ostwind mit Sonnenschein. Der ideale Winter würde mit einer Frostperiode etwa Mitte Dezember beginnen, gefolgt von allmählich sich verschärfendem Frost bis Mitte Januar. Bis in den Februar hinein könnten die Temperaturen so niedrig bleiben und sich ab Mitte Februar bis Mitte März wieder abschwächen. In Mittel- und Westeuropa sieht das herrschende Wettermuster der Winter nicht so aus. Besonders zerstörerisch wirken klare Frostnächte, auf die sonnige Tage folgen. Sie sind schlimmer als konstant niedrige Temperaturen bei bedecktem Himmel. Ähnlich verheerend wirken sich Fröste nach milden Wintern zu Beginn des Frühjahrs aus. Besonders asiatische Gehölze und Stauden, die in ihrer Heimat Tiefsttemperaturen ertragen, leiden hierzulande darunter. Sie nehmen ernstlich Schaden, wenn sie nach dem Saftsteigen von spätwinterlichen und Frühlingsfrösten überrascht werden. Dazu zählen Pflanzen wie Japanahorne, Berberitzen, Weigelie, Scheinhasel und Baumpaeonien. Ab 13 Grad minus beginnen die Triebe öfterblühender Rosen zu erfrieren. Die einmalblühenden historischen Rosen und die Rosenspezies sind bis minus zwanzig Grad hart, wenn sie ihren Ansprüchen gemäß gepflanzt wurden. Mit dem Hinweis auf die Ansprüche einer Pflanze fängt eigentlich schon der Winterschutz an. Gut genährte Gehölze, die an ihrem Standort gut ausreifen konnten, sind weniger frostgefährdet. Den Garten mit winterharten Stauden und Gehölzen zu bepflanzen, lohnt sich,

Das Reitgras *(Calamagrostis x acutiflora* 'Karl Foerster') bleibt selbst im Winter als erfreulicher Blickpunkt aufrecht stehen.

auch die Suche nach härteren Hybriden, die robuster als die ursprünglichen Sorten sind. Sie selbst kennen Ihr Lokalklima und seine Ausfärbungen am besten. Vor dem Einkauf sollten Sie sich über winterfeste Neuzüchtungen informieren. In Amerika selektierte und neugezüchtete Sorten vieler Gartengehölze erweisen sich oftmals als besonders robust.

Von den Gartenbesitzern werden die Besonderheiten des Mikroklimas viel zu wenig genutzt. In den Städten ist das Klima milder ausgeprägt als im Umland, Standorte an Gebäuden sind wärmer und geschützter als im freien Gartengelände. Das Mikroklima bietet unterschiedliche Aspekte. So sind Immergrüne im Westen und Norden von Gebäuden und von Gehölzgruppen besser aufgehoben als in Ost- und Südlagen. Nach Frostnächten trifft sie nicht sofort die Wintersonne und sie sind vor Ostwind geschützt. Wärmeliebende

Ein Garten zum Meditieren

An den Zweigen schimmert Rauhreif. Sonnenlicht spielt auf verharschtem Schnee, läßt die im Schatten nistende Kälte erahnen. Die winterliche Stimmung lädt zum Innehalten ein, zum ruhigen Verweilen für einen nachdenklichen Augenblick.

Das klare Licht des August läßt die Umrißlinien der ländlichen Häuser scharf hervortreten. Die Schlagschatten sind hart. Am tadellos blauen Himmel sind nur wenige Wölkchen zu sehen. Die Felder sind abgeerntet, und an den Straßen geben sich die Grassäume müde und staubig. Hin und wieder läßt sich vom Auto aus ein Blick auf die träge dahinfließende Donau tun. Nur an den Kiesbänken und an einigen freigespülten Weiden erkennt man, wie mächtig sie war. Nach Augsburg kann es so weit nicht mehr sein.

Carl Anton Maria Fürst Fugger de Polignac lebt in der Nähe Augsburgs, im bayerischen Schwaben, dort wo auch seine Forste liegen. Augsburg und die Fugger, sollte der Fürst etwa . . .? Ja richtig, jene Kaufleute, die zu Beginn der Neuzeit durch Kreditoperationen und kaufmännisches Geschick zu sagenhaftem Reichtum kamen, zählen zu den Ahnherren des Fürsten. Auf einem Areal in der Nähe einer verfallenen Burg, das er vor zwanzig Jahren erbte, hat sich Fürst Fugger sein Zuhause geschaffen. Die Zufahrt zur Villa wird von den Baumwipfeln eines Waldes überkuppelt. Nach der Weite sich streckender Felder, der Sonnenhelle, ist der Kontrast jäh. Die Augen haben Mühe, sich an den Waldschatten zu gewöhnen. Das schlichte Parktor liegt dann erneut im gleißenden Sonnenlicht.

Vor dem Entree gilt alle Aufmerksamkeit einem Paar steinerner Löwen. Es sind chinesische Schutzlöwen. Sie wirken gar nicht bedrohlich und erinnern an freundliche Wachhunde. In ihrem Maul tragen sie Kugeln. Im Vorgarten wachsen an der Gartenmauer Säume von Hortensien mit abgeflachten blauen Blütenständen, stehen Steinurnen auf hohen Sockeln. Und die weiße Rose 'Margaret Merrill' besticht mit überzeugendem Flor. Das große Rondell im Zentrum ist mit 80 'Marlena'-Rosen bestückt, einer klassischen roten Floribunda von Kordes. Rotlaubige Ahorne setzen dunkle Akzente. Die Repliken der wunderschönen gerieften Steinurnen sind englischer Herkunft. Das Original war vom englischen Architekten und Designer William Kent im 18. Jahrhundert entworfen worden als Schmuck für Alexander Popes berühmten Landschaftspark in Twickenham an der Themse.

Die Villa gibt sich wie ein Landhaus französischen Stils mit ihrem Mansarddach aus dunklem Schiefer und den hohen, schmalen Fenstern. Wie groß denn alles in allem das Gartengelände sei, fragen wir. Es müssen so 70 mal 90 Meter sein, vielleicht sogar etwas mehr. Das heißt, das Areal hat eine Größe von gut einem halben Hektar. Leicht läßt sich die Größe freilich nicht bestimmen, ist doch das geometrisch-formelle Parterre am Haus durch eine Senke, in der sich nunmehr der Rosengarten findet, vom Gartenteil am jenseitigen Hang getrennt. Die Pappelallee, die in sanftem Bogen den Geländesprung markiert, säumte ursprünglich eine öffentliche Straße. Das jetzige Gartenterrain war ehedem von zwei großen Scheunen besetzt und von Brennesseln umwuchert. Die Senke wurde mit Schutt und dem Bauaushub teilweise aufgefüllt, ehe man daranging, dort einen Rosengarten zu pflanzen. 750 kleine Lebensbäume gliedern als immergrüne Hecke das Rasenparterre.

Der Badegarten seitlich des Hauses gibt sich südlich gestimmt. In einer Steinvase hoch auf der Mauerkrone wachsen Agaven. Am Spalier darunter reift Obst heran. Im geschützten, warmen Winkel von Wintergarten, Gartenmauer und Haus finden an der Stirnseite des Pools alljährlich die Kübelpflanzen ihr Sommerquartier. Stattliche Exemplare des Oleanders (*Nerium oleander*) zeigen dort bis in den Herbst hinein ihre Blüten in unterschiedlichen rosigen und roten Farbstufungen. Es gibt auch eine gefülltblühende Form, doch leider, der Fürst beklagt dies, kommt sie nur in guten Sommern zur Blüte. Der Oleander blüht hierzulande üppig, wenn die Sonne es gut meint und die Pflanze dann noch zusätzlich generös mit Wasser und Dünger versorgt wird. Lorbeerbüsche (*Laurus nobilis*) finden sich hier gleichfalls in den Gefäßen und Pelargonien (*Pelargonium*) wie Fuchsien (*Fuchsia*).

Die baumelnden Blüten der Fuchsien erinnern ans Ballett. Kaum eine andere Blume wirkt so feminin. Die Kelchblätter (Sepalen) sind anmutig ausbalanciert, gleich den Armen in tänzerischer Pose, und die glockenförmig geordneten Petalen der Korolle, volkstümlich als „Röckchen“ bezeichnet, geben sich zuweilen pompös gebauscht, bei einigen Sorten sind sie ruhig zur Röhre gefügt. Sie sind ein zauberhaftes „Corps de Ballet“ in ihren vielfältigen Formen und den Farbvarianten von Karminrot, Violett, Mauve, Weiß und Rosa. Zur Überwinterung all der Kübelpflanzen steht neben dem erwähnten Wintergarten auch ein Gewächshaus zur Verfügung.

Der Fürst schätzt Symmetrien. Auf der verlängerten Mittelachse der Villa findet sich das Achsenkreuz des Rasenparterres. Den Schnittpunkt schmückt ein barockes Wasserbassin. Das Wasser fließt und tröpfelt von zwei übereinander gestaffelten Becken in ein großes Auffangbecken. Das zentrale Rondell mit seinem Wasserspiel gibt sich alljährlich von Blumen gesäumt: Fleißiges Lieschen (*Impatiens walleriana*), Eisbegonie (Begonia-Semperflorens-Hybriden), Leberbalsam (*Ageratum*) und duftendes Heliotrop (*Heliotropium*) finden bevorzugt Verwendung. Der Kiesweg am Haus wird sommers meist von Dahlien gesäumt. Von lavendelblauen Dahlien ist der Fürst besonders angetan. Sie finden sich dort in Sorten mit verbreiterten Blütenblättern, den sogenannten Dekorativen Dahlien, und in Sorten der Pompon-Dahlie, bei denen sich die mausohrartigen Zungenblüten in dichten Reihen zur perfekten Kugelform schließen. Und wie es so ist beim Begutachten von Blumen, man greift nach ihnen und hebt die Blütenköpfe. Dabei kommen die verräterischen Saftflecke von den zuvor stibitzten Brombeeren vor Augen. Die Farbigkeit bewirkte eine Gedankenverbindung zu den Dahlien. Wie hübsch doch solche blau- und rotpurpurnen Dahlienblüten zusammen mit ein paar fruchttragenden Brombeerranken in der Vase sein müßten. Auch wäre es wert auszuprobieren, Dahlien solcher Tönung im eigenen Garten um die Brombeersorte 'Thornless Evergreen' zu gruppieren.

Im Juni muß der Rosengarten zauberhaft sein, erfüllt vom Duft und der Fülle blühender Rosen. Wenn vom rosenumrankten Laubengang Blütenblätter auf den Kiesweg rieseln und die blütenbeladenen Triebe der Strauchrosen sich bodenwärts neigen, wird es der rechte Ort sein, um an langen Abenden vor sich hin zu träumen. Jetzt im Spätsommer gibt sich der Garten still und grün. Ein Obelisk beherrscht die Szene, Skulpturen und ein paar schöne Bleiurnen geben dem Raum eine klassische Note. Doch was dann alle Aufmerksamkeit erheischt, sind die Weinbergschnecken. Eigentlich sieht man nur ihre Fraßspuren an den Funkienhorsten neben einem Wasserbecken. Die Tiere selbst haben sich wohlweislich in ihre hübschen Häuser zurückgezogen. Ihres Blattgrüns beraubt heben die Funkien anklagend die Stiele zum Himmel. Der Appetit der Schnecken ist wirklich besorgniserregend und vermag allen Ingrimm eines Gärtners zu mobilisieren.

An manche Dinge bleiben Erinnerungen und Erlebnisse gekoppelt, und durch sie erst wird vieles, was wir erlebt haben und was vergessen erscheint, erneut lebendig. So wie das Stückchen Madeleine-Kuchen, in den Tee getaucht, Marcel Proust glückliche Kindertage zurückbrachte, ergeht es auch uns. Die Dinge glücklicher Tage prägen manche unserer Vorlieben. Da gibt es eine Verbundenheit des Fürsten mit Schweden, er hat dort manche Schulferien verbracht. Das eigene Parktor ist die Kopie eines der vier Seitentore von Schloß „Sturefors“. Das Chinaschlößchen, ein Folly im königlichen Park von „Drottningholm“ in der Nähe Stockholms, inspirierte nachhaltig. Er schmückte die Kuppe in einem chinesisch beeinflußten Gartenteil mit einem roten Pavillon. Dies ist nicht nur ein „chinesischer“ Garten, es ist die sehr private Welt des Fürsten Fugger de Polignac, ein Garten ganz und gar erschaffen für eigene Empfindungen. Der Garten ist abgelegen, die vertraute, die zudringliche Welt hört auf zu existieren. Die Zierkirschen, Tuffsteine, Kiefern, der Bambus sind bis zu einem gewissen Grad entzifferbare Metaphern, akzeptierte Elemente des chinesischen Gartens. Doch darüber hinaus bewirken sie Empfindungen und Assoziationen höchst individueller Art. Der veralgte Teich vor dem Pavillon, obwohl er seinem Besitzer Sorge abnötigt, beschert ein malerisches Erlebnis. Das Übermaß freischwebender grüner Algen gibt sich durch das lebhafte Rot des Pavillons unwahrscheinlich gesteigert, wie eine ständig bewegte grünschillernde Textilie, die aufblitzend das Licht reflektiert. Dem stehen als Farbspektakel die fruchtenden

Chinesischen Himbeeren (*Rubus phoenicolasius*) nicht nach. Der Zufall hat Sämlinge dieses Rubus vor der roten Pavillonwand emporsprießen lassen. Die feinen, drüsigen Stacheln der Pflanze sind bräunlich rot; die Früchte sind lebhaft orange, glänzend und von rötlichen Sepalen gefaßt. Versuchen Sie, sich schlichtweg eine Ton-in-Ton-Studie auf rotem Bolus-Malgrund vorzustellen, das trifft dann ziemlich genau das dargebotene Bild. Die rote Gartenmauer ist ein interessantes Element. Die wunderlichen Öffnungen in Vasenform schaffen unerwartete Durchblicke. Diese Art der Maueröffnung wie die runden Mondtore, durch die man für gewöhnlich chinesische Gärten betritt, bringen die vegetativ-organische Gartenwelt gerahmt, wie ein Bildkonzentrat, zur Geltung. So wird ein Gewirr von Zweigen, das man üblicherweise übersehen würde, im Ausschnitt ein hervorgehobenes Bilderlebnis. Im Winter, ganz gewiß, wird dieser Gartenteil zum Märchengarten schlechthin. Hügelan gehend, zwischen dunklem, kahlem Geäst, wird sich dann der rote Pavillon zeigen, wird ein Symbol für aufflackernde Lebensfreude in dem Gleichmaß graugetönter Tage sein. Die Kälte wird dann schimmernde Kristalle auf die Zweige setzen, und der Schnee, den es in Bayern noch gibt, wird die Konturen von Gräsern und Strauchwerk magisch verfremden. Und eine Winterimpression kann dann in der Schatzkammer individueller Erinnerung gehortet werden.

Die Glocken an den Eckpunkten des Daches (oben) singen ihre Melodie schon im zartesten Lufthauch.
Eine Buddhastatue vor roter Wand: Aufstrebendes, fahles Japangras und Steine prägen den stillen Winkel (links).
Abseits auf dem Hügel liegt das Gartenhaus (großes Bild). In der verschneiten Szenerie hat die rote Farbe des Holzes magische Qualität. Die Schneedecke verbirgt, verändert Vertrautes und macht anderes wesentlich: das Gewirr rappeldürrer Farnwedel, die schlaffen, in sich gekehrten Blätter des Bambus und die aggressiven Spitzen eines Yuccahorstes.

Eine fernöstliche Bogenbrücke lädt zu einem Rundgang ein. Im erstarkenden Sonnenlicht erscheinen die Zweige filigran und gläsern. Die verschneiten Höckerchen im Vordergrund sind liebevoll eingedeckte Rosenstöcke.

Die Blütenblätter der Seerosen werden am Ufer des Teichs durch die Farbe der Astilben (Astilbe-Arendsii-Hybriden) variiert. Im Hintergrund fällt die gelbblühende *Ligularia przewalskii* angenehm ins Auge.

und Brüstungskästen auf Hochhäusern leiden unter dem Wind. Es mag sein, daß Sie für die kalte Jahreszeit lediglich etwas Winterliches als Schmuck in Ihren Balkonkästen wünschen, um im Frühjahr erneut den gewohnten Zyklus mit den Maßliebchen und Stiefmütterchen, gefolgt von den Pelargonien und Petunien fortsetzen können. Hierfür geeignet sind Jungpflanzen aller immergrünen Gehölze, wie Spindelsträucher Efeu, Mahonien, Stechpalmen, Kirschlorbeer. Auch Heidekräuter (Ericen wie Callunen) gibt es in vielfältigen Sorten mit auffälligen Laubausfärbungen für diesen Zweck. Diese Pflanzen kann man obendrein mit rosettenartigen Stauden wie Hauswurzen (*Sempervivum*), Moossteinbrechen (*Saxifraga arendsii*), einigen wintergrünen Gräsern wie dem Bärenfellschwingel (*Festuca scoparia*) oder Schafsschwingeln (*Festuca ovina*) kombinieren. Diese Gewächse sind genügend frosthart und den Strapazen eines durchschnittlichen Winters auf dem Balkon gewachsen. Allerdings sollten Sie bedenken, daß selbst winterharte Pflanzen, in einen freihängenden Balkonkasten gestopft, von allen Seiten dem Frost ausgesetzt sind. Immergrüne Pflanzen verdunsten auch im Winter ständig Wasser und müssen, wie bereits erwähnt, gegossen werden. Gefriert der Wurzelballen zum Block, können die Wurzeln nicht mehr das notwendige Wasser aufnehmen. Die Pflanzen vertrocknen dann. In windigen Lagen wird der Effekt noch verschärft. Achten Sie also darauf, daß die Balkonkästen windgeschützt und etwas schattig stehen. An frostfreien Tagen sollte man gießen. Eine Mulchschicht zwischen den Pflanzen hilft, die Feuchtigkeit länger zu halten. In Brüstungströgen lassen sich Koniferen recht gut dauerhaft kultivieren, besonders kleinwüchsige Bergkiefern (*Pinus mugo*-Sorten wie 'Gnom' oder *Pinus mugo* var. *pumilio*) oder die zauberhafte silberblaue Weymouth-Kiefer (*Pinus strobus* 'Nana'). In großen Pflanzgefäßen von ca. einem Kubikmeter überleben dauerhaft Eiben und Lebensbäume. Der Autor hat zwei dieser Kübel über einen Zeitraum von zwanzig Jahren beobachten können. In einem wächst eine Eibe, im anderen Gefäß eine gelb-

Blattduftende Pelargonien und Hybriden von *Pelargonium peltatum* und *Pelargonium zonale* sind zauberhafter Schmuck für warmsonnige, geschützte Gartenhöfe (links). Das vertraute Tränende Herz (*Dicentra spectabilis*) wird hier als jahreszeitlicher Kübelschmuck geboten (rechts).

nadelige Thuja. Die Pflanzen stehen auf einer windgeschützten Dachterrasse in Hamburg. Alljährlich bekommen sie zu Beginn der Wachstumsperiode im April Flüssigdünger (eine Handvoll Blaukorn auf 10 Liter Wasser) und im Herbst zeitweilig eine Mulchschicht aus verrottetem Dung und Kompost. Die unansehnlichen Seiten dieser Eternitkübel werden kaschiert durch die Florentiner-Taubnessel, deren lange Triebe überhängen. Die wintergrüne Taubnessel profitiert freilich auch von den Dunggaben, das Miteinander

Ein heller, kühler Raum (6–10 Grad) oder ein Gewächshaus sind ideale Winterquartiere für Kübelpflanzen und Jungpflanzen heiklerer Stauden. Ein Ventilator, der stundenweise läuft, oder regelmäßiges Lüften bei mildem Wetter ist wichtig, damit die Pflanzen nicht vom Grauschimmel befallen werden. Die Wassergaben richten sich nach der Temperatur und den herrschenden Lichtverhältnissen. Bei niedrigen Temperaturen brauchen die Pflanzen weniger Licht und Wasser.

Auffälliger Terrassenschmuck für Kenner (links): sukkulentes, orangerotblühendes *Aeonium* und blaurosettige Echeverien. Im Hintergrund blüht die Knollenbegonie 'Bertinii', ebenfalls zu erkennen eine Sorte von *Pelargonium peltatum* mit weißgerandeten Blättern. Eine Fuchsienhybride (rechts) mit hängendem Wuchs ist hier zu einer Blütenpyramide geformt.

im Kübel wird gut ertragen. Ein Jelängerjelieber (*Lonicera caprifolium*), der zusammen mit der Thuja wuchs, ist nach einem Jahrzehnt nach einem trockenen Sommer abgestorben. Winterharte Stauden und laubabwerfende harte Gehölze können draußen in den Gefäßen überwintern, wenn die Pflanzgefäße selbst dem Frost gewachsen sind. Der Frauenmantel, Bergenien, Funkien, staudige Glockenblumen, Miniaturweiden, der Schmetterlingsstrauch (*Buddleja*) und anderes mehr sind als Bepflanzung von größeren Kübeln willkommen.

Wer eine unbeheizte Garage oder einen Kellerraum zur Verfügung hat, kann sich gleichfalls glücklich schätzen. Eine Vielzahl an Pflanzen lassen sich dort überwintern: laubabwerfende Gehölze wie Hortensien (*Hydrangea*), Klematis, Feigen und andere Obstgehölze, die einziehenden Agapanthus-Hybriden und Fuchsien. Dort kann man auch Container mit frühlingsblühenden Zwiebelblumen abstellen. Die Temperatur muß jedoch konstant niedrig bleiben, sonst fangen die Zwiebelblumen an zu treiben. Größere

Pflanzgefäße mit frühblühenden Zwiebelblumen werden besser draußen im Garten eingesenkt und mit Torf abgedeckt. Frei aufgestellt könnten die Zwiebeln, die ja aktives Wurzelwachstum ausgebildet haben, durch Frostperioden ernstlich Schaden nehmen. Lilien wiederum, die erst im Frühjahr aktiv werden, vertragen trocken gehalten Frost.

Übrigens, Lilien in Pflanzgefäßen zu ziehen hat den Vorteil, daß man den Pflanzen genau das geben kann, was sie brauchen: gute Drainage, kalkige oder kalkfreie Erde und die reichlichen, flüssigen Düngegaben, die sie so schätzen. Die Lilien danken es sofort, wenn ihnen nicht von den Wurzeln gieriger Nachbarpflanzen ihr reichbemessenes Nahrungsangebot gemindert wird. Sie blühen großzügig. Man kann die Pflanzbehälter in einer dunklen, unbeheizten Garage oder im Keller überwintern und sie dort bis Ende Februar belassen. Dann gibt man den Zwiebeln frische Erde und stellt die Gefäße ins Freie. Die Zwiebeln dürfen jedoch keine Triebsprosse gebildet haben, sonst würden sie garantiert durch Frühjahrsfröste Schaden nehmen.

Wer keinen Platz zur Überwinterung hat, kann immerhin von den selteneren Kübelpflanzen im Juli/August Stecklinge machen und diese auf dem Fensterbrett des Treppenhauses oder eines kühlen Zimmers überwintern. Diese sollen gewissermaßen ihre Ruhezeit durchmachen und erst mit zunehmendem Licht umgetopft werden. So läßt sich mit den blühenden wie den blattduftenden Pelargonien, Schönmalven (*Abutilon*), dem nachtduftenden Hammerstrauch (*Cestrum*), den Wandelröschen (*Lantana*), den Fuchsien, den Heliotrop verfahren. Wer wenig Fensterplätze hat, wird nur Stecklinge von Raritäten nehmen und die notwendigen anderen Pflanzen vom Gärtner dazukaufen.

Sehr dekorativ sind Obstgehölze im Topf. Äpfel eignen sich zur Kultur in Töpfen besonders gut. Solche Obstbäumchen wie Beerenobsthalbstämme werden oftmals von den Versandgärtnereien angeboten. Gartenbaukundige können aber durch Pfropfen von Apfelreisern auf eine mittelstarke oder schwache Unterlage (M9; M steht für Malling, eine englische Forschungsanstalt, die Versuche mit unterschiedlichen Unterlagen bei Obstgehölzen gemacht hat) solche Bäumchen selbst heranziehen. Äpfel sind selbstunfruchtbar, das heißt, der eigene Blütenstaub führt nicht zur Befruchtung, sondern sie brauchen den Blütenstaub einer Fremdsorte. Manchmal wer-

Blaublühende Schmucklilien *(Agapanthus orientalis)* im Kübel (links) zieren den Rand eines Wasserbeckens. Schönmalven (Abutilon-Hybriden) gibt es in allen möglichen Blütenfarben, z. B. pastellig, dunkel oder mit gelbgesprenkelten Blättern (rechts).

den unterschiedliche Sorten sogar auf eine Unterlage gepfropft. Ansonsten muß man mindestens zwei unterschiedliche Sorten im Topf kultivieren, die aber gleichzeitig blühen. Pfirsich oder Aprikose sowie alle Beerenobstarten sind selbstfruchtbar. Man kann die Bäumchen in allen erdenklichen Gefäßen von 40–50 cm Durchmesser kultivieren oder in den viereckigen Caisse-des-Versailles-Kübeln, wie sie für die Kultur von Orangenbäumchen verwendet werden. Als Kultursubstrat eignet sich normale, mit Kompost angereicherte Gartenerde wie auch handelsübliche Rinden- oder Torfkultursubstrate. Man sollte die Obstbäumchen mit eingegrabenen Topfballen im Garten überwintern.

Wer diese Möglichkeit nicht hat, stellt die Ballen in einer größeren Holzkiste mit Torfschütte in eine windgeschützte Ecke auf dem Balkon. Man kann sie auch, wie erwähnt, im ungeheizten Keller überwintern. Gewöhnen Sie die Pflanzen dann aber allmählich im März an die frische Luft. Vor starker Sonnenstrahlung und plötzlich auftretender Kälte müssen sie unbedingt verschont bleiben.

Hier noch ein paar Pflanzassoziationen, die Ihre Phantasie beflügeln mögen. Für eine Bepflanzung eines größeren Kübels oder einer Pflanzschale: rosafarbene oder gelbe Miniaturrosen, dazu grausilbriges *Sedum sieboldii,* das Oktoberle der Süddeutschen, blausilbriger Schafschwingel und violettblaue Dalmatinische Glockenblume (*Campanula poscharskyana*). Rote oder rosafarbene Miniaturrosen zusammen mit purpurbrauner Fetthenne (*Sedum spurium* 'Purpurteppich' oder *Sedum cauticola* 'Vera Jameson') und grausilbrige *Veronica cinerea.* Für eine größere Pflanzschale im Halbschatten: blauviolette Rhododendron-Russatum-Hybriden mit einer gelb-grüngesprenkelten Kriechspindel (*Euonymus fortunei* 'Emerald and Gold') und den immergrünen Rosetten von *Saxifraga x urbium* 'Elliott'. Die genannte Kriechspindel ließe sich kombinieren mit zwergwüchsiger, goldlaubiger Heide. Wenn Sie in der Pflanzschale etwas Platz aussparen, um zeitweilig Zwiebelblumen einzustecken, können Sie jahreszeitliche Glanzlichter setzen: durch niedrige Narzissenhybriden, später dann durch Schalen- und Trompetenlilien und Montbretien. In Keramikgefäßen vor der Küchentür könnten bei vollsonnigem Platz unter einer Kirschtomate goldblättriger Majoran (*Origanum vulgare* 'Aureum') wachsen. Es ließen sich dort auch zu Zucchini oder Paprika, die Kapuzinerkresse oder die Wildform der Studentenblume (*Tagetes tenuifolia*) bringen. Was würden Sie von einem Johannisbeerbäumchen halten, das von süßen Monatserdbeeren unterpflanzt ist? Sie sehen, das Thema ist vielfältig auszuweiten.

Die kugelige, weißblühende Hortensie *(Hydrangea arborescens* 'Annabelle') im Pflanzkasten, einer „Caisse de Versailles", ist Blickfang in der Staudengruppe.

Selbst in der äußersten Südwestecke des Landes, im Markgräflerland, das sich über mehr Sonne und Wärme als jede andere Region freuen darf, hatte man sich über das Wetter beklagt. Der Juni war bislang kalt und naß. Das Ehepaar Nolte bedauerte, daß den „alten" Rosen, die durchweg nur einmal im Jahr blühen, der Regen so gar nicht behagen werde. Doch dann, gottlob, hatte sich alles zum Guten gekehrt: Die Sonne schien. Die Rosen blühten. Und wie sie blühten!

Das kleine Dorf Laufen, in dem Heide und Helmut Nolte wohnen, ist vielen Pflanzenliebhabern dem Namen nach vertraut, denn die berühmte Staudengärtnerei „Gräfin von Zeppelin" ist dort beheimatet. Das Land ist fruchtbar. An der Westseite des Schwarzwaldes, am Saum des Hügellandes der Rheinebene, wachsen Reben. Ach, und was wächst und gedeiht sonst noch alles in dieser Region: Mandeln, Pflaumen, Maronen, Spargel. Ins Elsaß ist es nicht weit. Vor den Häusern in den Weindörfern blüht häufig der Oleander in Kübeln. Aus Bauerngärten grüßen Bartnelken und gelegentlich sogar Madonnenlilien.

Wie mögen wohl Liebhaber historischer Rosen ihr Umfeld gestalten? Nein, sie haben es nicht mit zeitgenössischer, postmoderner Opulenz und Glanz. Diese Kunde war vorausgeeilt. Doch irgendwie hat man sich das dann doch anders vorgestellt. Ganz und gar nicht so, daß blühende Rosenbüsche einfach den Gehsteig an der Straße säumen, sondern man hat erwartet, sie im geheimnisvoll umschlossenen Gartenraum zu finden. Und auch kein weißes Einfamilienhaus, eher schon ein altes Haus mit sonnenverblichenen Fensterläden. Aus einfachen Waschbetonplatten ist der Hauszugang. Die Fensterläden sind braun, braunlasiert auch die hölzernen Wangen des Treppenaufgangs. Alles ist zweckmäßig, gepflegt und schlicht. Und der 850 Quadratmeter große Garten? Wenn die Rosen nicht blühen, hat man den Eindruck, das Haus sei von einem Obstgarten umfaßt. So ist es eigentlich auch, denn hinter den Rosenstöcken, von der Straße aus gesehen, wachsen mittig auf dem Rasen die Obstbäume. An zwei Seiten begrenzt die Straße den Garten. Jedem nach privater Abgeschlossenheit ringenden Gartenbesitzer wird ein Eckgrundstück Sorge machen, und es ist tatsächlich schwer, solchen Gärten ein wenig Tiefenwirkung angedeihen zu lassen.

Die einfache Gestaltung nach Hausmannsart paßt vorzüglich ins ländliche Umfeld. Noltes brauchen keine gestalterischen Kniffe anzuwenden, um neugierige Blicke abzuwehren. Sie müssen auch nicht achtlose Füße fürchten, die der Gartenvegetation schaden könnten, und sind daher in der Lage, großzügig jedermann ihre Rosen als blühenden Willkomm darzubieten.

An der hinteren Gartenseite ist ein Maschendrahtzaun, nicht hoch, von Abgrenzung zum Nachbarn kann man nicht reden. Dunkler Efeu (*Hedera he-*

lix) hat das Drahtgeflecht durchwirkt, und es fehlt wenig, und der Zaun wird sich als immergrüne Barriere geben, wird hübscher Hintergrund sein für rosafarbene Rosen. Der Gartenbereich vor der Terrassentür liegt höher als das Straßenniveau der Frontseite. Eine dichtbewachsene Pergola verwehrt den Einblick von dort. Auch hier macht sich der Efeu breit: Buchsbaum (*Buxus sempervirens*) und Kirschlorbeer sorgen für immergrüne Akzente. Wisterientriebe werden ums Haus gelenkt.

Heutzutage wird das Loblied der historischen Rosen unüberhörbar und nachhaltig in den großen Publikumszeitschriften wie in den kleinen Programmheften gesungen. Es ist sogar eine neue Rosenkategorie geschaffen worden, die die Rückbesinnung auf vergangene Rosenschönheit bekräftigt: „Englische Rosen". Doch damals?

Als das Ehepaar 1973 um das neubezogene Haus den Rasen einsäte, war das Jahrzehnt dabei, in Schockfarben gefällig zu sein – von den Socken bis zum sonstigen Outfit und bis zu den neuen Möbeln in glänzendem Plastik. Die Lieblingsrose jenes Jahrzehnts hieß 'Superstar'. Ihr Rot war frei von jenem Stich ins Bläuliche, den man den Rosen immer verargt hatte. Die Rosen jener Tage konnten nicht lebhaft und glühend genug sein, und jedes Jahr kamen Tausende von Sämlingen in Signalfarbe auf den Markt. Freilich, in England hatte Vita Sackville-West schon vor 1960 ihre Landsleute für die delikaten Farben der „alten" Rosen zu begeistern gewußt, und Constance Spry, eine begnadete Floristin, rühmte das Perlgrau von Rosen. Bis in die Mitte der siebziger Jahre konnte man noch bei Ernst Wohlt in Schleswig-Holstein all jene Rosen kaufen, danach mußten Kenner ihre Rosen ein Jahrzehnt lang aus der Schweiz, aus England oder aus Dänemark besorgen. Die Noltes waren solch frühe Verehrer der „alten" Rosen.

Wie die Rosen in Adalbert Stifters „Nachsommer" hat sich Heide Nolte „alte" Rosen immer vorgestellt. Rosen, die voll erblüht, ja sogar im Verblühen noch ihre gesteigerte Schönheit offenbaren. Sie denkt da an Remontant-Rosen, jene wuchsstarken Pflanzen der Jahrhundertwende mit ihren üppigen, gefüllten, pastellfarbenen Blüten und mit ihrem starken Duft, der im Garten lastet. Selbst die Namen historischer Rosensorten sind voll Zauber. Nehmen Sie nur 'Duchesse de Montebello', welche Aura umgibt diesen Namen einer unbekannten Person und zunächst unbekannten Rose. Duchesse als Wort hat Rasse – mehr als vergleichsweise „Herzogin" – und vermag elegant zu verführen. 'Duchesse de Montebello' steht somit für etwas Außergewöhnliches. Von der Rose 'Belle de Crècy' immerhin wissen wir, daß sie mit Madame de Pompadour in Verbindung gebracht wird. Und ohne die gut duftenden, karminrosa Blüten dieser Gallischen Rose zu kennen, verfällt man dem Nimbus des Namens. Man denkt da an rauschende Seide, an ein vollendet dargebotenes Dekolleté vielleicht, an Perlen und all den des', mit lockeren, rosaroten Schalenblüten ist gleichermaßen hinreißend. Heide Nolte hat dieser Rose zusammen mit der rühmenswerten 'Schneewittchen'-Rose die Ehrenplätze am Hauszugang gegeben.

Es liegt nahe, nach persönlichen Rosenfavoriten zu fragen, die gleichwohl allgemein zu empfehlen sind. Das Ehepaar wird dadurch offensichtlich in Gewissenskonflikte gebracht. Eine schwere Frage, die zunächst zögerlich und abwägend beantwortet wird. Doch letztendlich kommt die Auskunft bekennerisch. Heide Nolte nennt als ihre Nummer eins 'New Dawn', die allbekannte blaßrosa Kletterrose. „Sie prunkt nicht, sie ist schön und sanft", so das Urteil. Recht hat sie, und man kann hinzufügen: Sie blüht immerzu und ist frosthart bis in die äußerste Triebspitze. Danach folgend die Gallica-Damaszener-Hybride 'Duchesse de Montebello', eine kräftig wachsende Rose mit dichtgefüllten, zartrosigen Blüten, und 'Charles de Milles', eine Gallica mit wunderbaren, flachen, geviertelten Blüten in weichem Karminpurpur. Die bereits erwähnte 'Centenaire de Lourdes' wird genannt. Neben der schönen Blüte wird die gesunde Konstitution lobend herausgestellt.

Helmut Nolte ist den Englischen Rosen zugetan, die der Rosenzüchter David Austin in letzten Jahrzehnten hervorgebracht hat und die in unterschiedlichsten Sorten die Schönheit der historischen Rosen mit den Eigenschaften moderner Beetrosen, besonders dem Öfterblühen, vereinen. Er nennt die rosafarbene, starkduftende 'Chaucer', die blaßrosige 'The Prioress' mit kugeligen Blüten. Schließlich wird die Moschata-Hybride 'Andenken an Alma de L'Aigle', die lachsfarbene Blütenbüschel schenkt und aus der Zucht Kordes/Wohlt stammt, anerkennend bedacht.

Ohne Zaudern wird in diesem Garten den Rosen der erste Rang eingeräumt. Heide Nolte nimmt mit Gelassenheit hin, daß nach der Rosenblüte im Juni/Juli kaum spektakulär Blühendes im Garten zu finden ist. Nun heißt dies aber nicht, daß den Rosen nicht Begleitpflanzen beigesellt sind. Diese sind gewiß eine hübsche Ergänzung, doch auch nicht mehr. Da sind eine Polsterglockenblume aus Dalmatien (*Campanula poscharskyana*) mit violetten Sternchenranken, violettes Leinkraut (*Linaria purpurea*), duftender Lavendel (*Lavandula angustifolia*). Ganz besonders hübsch ist das Frauenmäntelchen, dessen grüngelbe Blütenschleier immer und überall zu Rosenfarben passen. Es gibt viele immergrüne Stauden, die unter den Rosen den Boden decken, wie: Vinca, Waldsteinia, Iberis, der Bärenfellschwingel, Bergenien. Hübsche Laubkontraste bescheren Funkien, Arumlilien (*Arum italicum*), Hirschzungenfarn (*Phyllitis scolopendrium*). Einzig und allein der Buchs hat Gnade gefunden, in unterschiedlichen Varianten den Rosen zur Seite gestellt zu sein. Heide Nolte mag den speziellen Geruch, der besonders an heißen Tagen zur Geltung kommt. Da findet sich Buchs mit gerundeten

Blättern (*Buxus sempervirens* 'Rotundifolia'), solcher mit schmalen Blättchen, die sich im Winter bronzefarben geben ('Myrtifolia'), einer, dessen oberste Blattpaare gelbgetuscht sind ('Gold Tip'), und weitere mehr.

Äpfel werden auch von den Noltes geschätzt, die beschneidet aber der Fachmann. Da ist der 'Rote Berlepsch' und, rühmenswert, die 'Goldparmäne'. Und dann noch der ungeliebte 'Bohnapfel', oder vielmehr das, was statt dessen herangewachsen war und erst nach zehn Jahren knallgelb fruchtete. Nun erhofft man, durch erneutes Veredeln endlich irgendwann die ledrigen Äpfel ernten zu können, die man bis nach Pfingsten lagern kann.

Daß die Rosen auf dem fruchtbaren Lehm so ausgezeichnet wachsen, ist offensichtlich. Das erneute Nachfragen, ob denn den Rosen tatsächlich nur alle zwei Jahre etwas Oscorna-Dünger gegeben werde, wird fast mit Empörung zurückgewiesen. „Wieso, unser Boden ist doch gut", ist alles, was Heide Nolte dazu noch zu sagen hat. Sie räumt aber ein, ohne vorbeugende, regelmäßige Spritzungen gegen Pilzkrankheiten ginge es nicht. Etwas bekümmert stellt sie fest, daß auch manche Rosen nicht mehr so freudig wachsen wollen, wie sie es anfangs taten. Noltes haben bisher versucht, das Problem der Bodenmüdigkeit chemisch zu lösen, doch ein Erdaustausch mit frischer Ackererde scheint sich als bessere Lösung anzubieten.

Allerneueste Trophäe ist eine sogenannte winterharte Palme (*Trachycarpus fortunei*), ein Mitbringsel aus dem Tessin. Wer weiß, vielleicht wird das Wagnis belohnt, und das „Hätschelkind" kann im Markgräflerland heranwachsen, wie diese Palme es vergleichsweise im klimatisch begünstigten Cornwall oder in der Normandie tun kann. Doch selbst wenn ein starker Winter dem Experiment ein Ende bereiten sollte, werden dem Garten Äpfel, Reben und Rosen in Überfülle bleiben.

Die Alba-Rose 'Belle Amour' füllt den Platz am Brunnen. Ihr Ursprung liegt im Ungewissen. Sie wurde erst Mitte dieses Jahrhunderts in einem französischen Klostergarten entdeckt. Bemerkenswert ist ihr starker, anisartiger Duft.

Erst 1973 gezüchtet, gilt 'Charles Austin' bereits heute als populärste Sorte der Englischen Rosen. Auffällig ist neben der warmen Tönung ihr Fruchtgeruch.

Die schönste aller weißen Rosen zu sein, wird von vielen Rosenkennern der Strauchrose 'Schneewittchen' (oben) nachgesagt. Sie wurde von Kordes 1958 gezüchtet, blüht wochenlang immer wieder und ist frosthart.
Die Gallische Rose 'Cardinal de Richelieu' entstand 1840 (links). Sie wird wegen ihrer dunklen Färbung gerühmt und blüht nur einmal.
Die Bourbonrose 'Variegata di Bologna' entstand 1909 (großes Bild). Sie erreicht zweieinhalb Meter Höhe und sollte nicht an einem prallsonnigen Platz gepflanzt werden. Sie blüht nur einmal, doch gelegentlich werden im Herbst erneut ein paar Blüten offeriert.

Ein von Rosen gesäumter Graspfad (oben). Die rosa Rose im Vordergrund ist 'Bourbon Queen', gefolgt von 'Charles de Mills', 'Cardinal de Richelieu' und *Rosa gallica officinalis*.

Eine Teehybride mit locker gefüllten Blüten und üppigem, strauchartigem Wuchs ist 'Centenaire de Lourdes' (großes Bild). Sie ist hart, gesund und vielgepriesen.

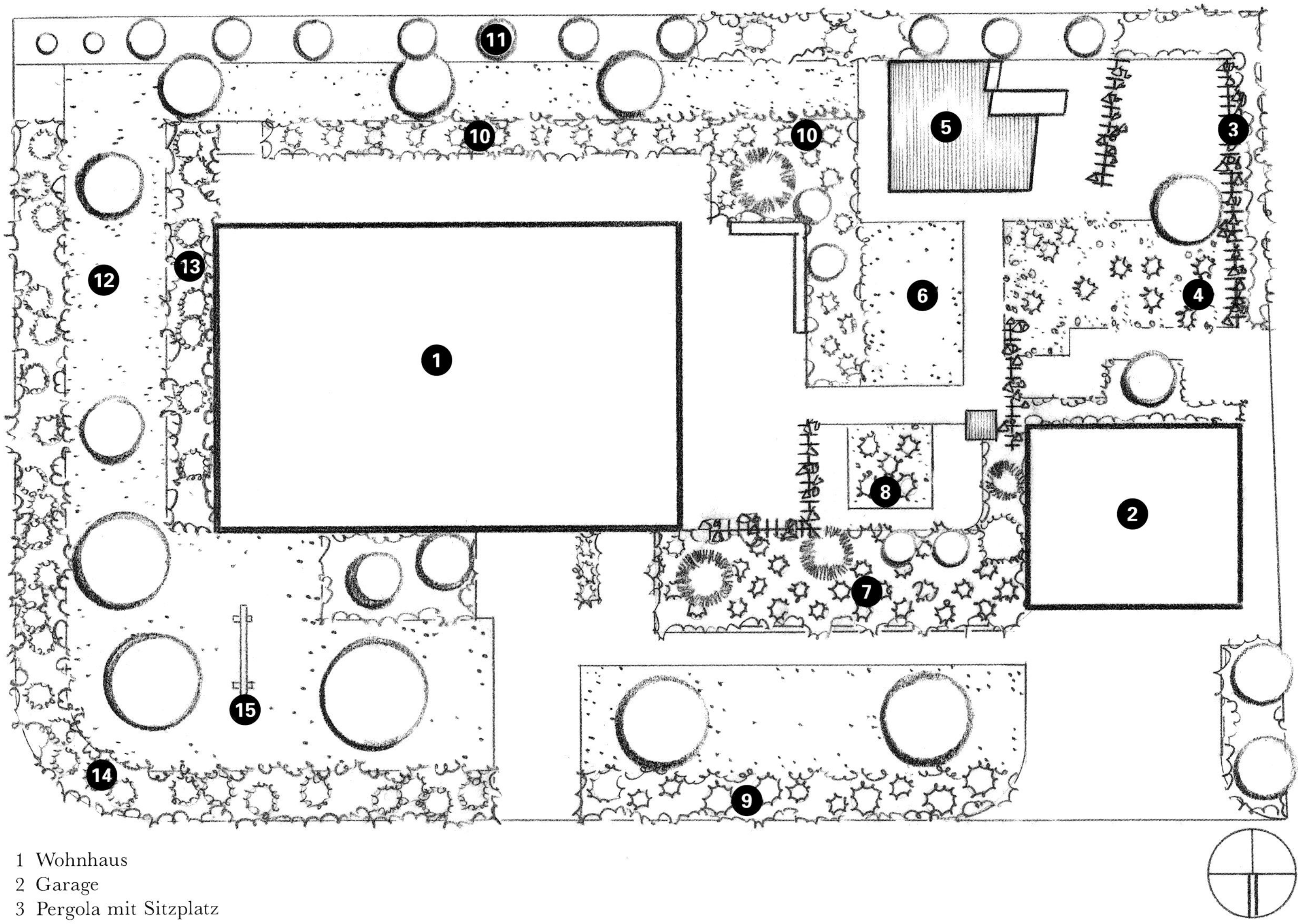

1 Wohnhaus
2 Garage
3 Pergola mit Sitzplatz
4 Rosen und Stauden
5 Wasserbecken
6 Rasen
7 Moosrosenhang
8 Chinarosen
9 Moschata-Hybriden
10 „Alte“ Rosen
11 Buchspflanzung
12 Obstgarten
13 Rosenbeet
14 Neue Remontantrosen und neue Rosen-Hybriden
15 Schaukel

Gartenwürdige Wildrosen und einige empfehlenswerte historische Rosen

Unsere Lieblingsblume, die Rose, ist so unerhört vielgestaltig und durch Züchtung und Selektion über Zeitalter hin verändert worden. Angesichts dieses Reichtums und der Tatsache, daß die wilde Pflanze und die natürlichen Ursprünge selbst bedroht sind, besinnt man sich auf den Wert der reinen Spezies. Ursprüngliches wird zuweilen höher veranschlagt als das, was daraus erwachsen ist. Der Gartenliebhaber, der auffällige Hybriden zugunsten der Ursprungsart verwirft, ist im Kommen. Doch es ist einfach nicht außer acht zu lassen, daß einige Wildrosen und ihnen nahestehende Hybriden erfreulicher Gartenschmuck sind. Wiederum kann man manche Kultivare der historischen Rosenklassen als klassischen Gartenschmuck bezeichnen. Wie recht hat Graham Stuart Thomas, der große Kenner der historischen Rosen, wenn er sagt, sie seien schon reizvoll durch die unterschiedlichsten Gedankenverbindungen, die sie mit der Welt der Gefühle, der Kunst, der Botanik und Geschichte verknüpfen.

Beide, Wildrosen wie historische Rosenkultivare, kann man sehr gut in eine gemischte Pflanzung bringen. Man braucht sie nicht für sich abseits im „Rosengarten“ zu halten, sondern kann sie in den heutigen kleinen Gärten mit anderen Stauden und Gehölzen zusammen bringen.

Einige Rosen lassen sich als blühende und fruchtende Hecke verwenden, so wie man mit der Kartoffelrose (*Rosa rugosa*) in küstennahen Gärten verfährt oder in England mit der Schottischen Zaunrose (*Rosa rubiginosa*), deren Laub bei hoher Luftfeuchtigkeit die Umgebung mit Apfelduft erfüllt. So ließe sich auch *Rosa glauca* verwenden, die im letzten Jahrzehnt häufiger in Straßenbegleitpflanzungen anzutreffen ist. Typisch für diese Rose ist die silbrige, bei starker Besonnung auch purpurn überhauchte Belaubung. Sie gäbe eine wunderschöne Hecke oder einen Hintergrund ab, um davor Graulaubiges sowie pastellfarbene Blumen zur Geltung zu bringen. Leute, die Freude am Blumenstecken haben, schätzen diese Rose deswegen hoch ein. Schon blühende Rosen im Garten zu haben, wenn andere darauf noch sehnsüchtig warten, mag reizvoll erscheinen. Frühblühend ist 'Canary Bird', eine Rosenhybride, die *Rosa xanthina* nahesteht, mit einfachen und, wie der Name es herausstreicht, lebhaft gelben Blüten. Reizvoll ist zudem auch das farnartige Laub. Von der Bibernellrose (*Rosa pimpinellifolia* oder auch *Rosa spinosissima*) gibt es unterschiedliche Varianten, die an dichtstacheligen Trieben kleine Blätter und kleine weiße, manchmal auch rosige Blüten zeigen. Darunter ist *Rosa pimpinellifolia* var. *altaica* zu nennen. Sie hat mitgeholfen, eine Reihe berühmter frühblühender Gartenhybriden herauszubilden. Ein Vorzug dieser Rose ist der belebende, frische Duft. Sie ist zudem extrem frosthart und wächst auf kargen Böden. Empfehlenswert ist gleichfalls die ge-

Rosa gallica (links) ist die Ursprungsart der europäischen historischen Rosen. Zu den typischen Merkmalen gehören der niedrige Wuchs, die erstaunlich großen Blüten und die derbledrigen Blätter.
Zwei weltberühmte, frühblühende Rosenhybriden von Kordes: die gelbblühende 'Frühlingsgold' von 1937 zusammen mit der rosaroten 'Frühlingszauber' von 1942 (rechts).

fülltblühende Gartenform dieser Rose, 'Double White'. Rühmenswert ist die sogenannte Frühlingsserie, Rosenhybriden, die der Rosenzüchter Wilhelm Kordes zwischen 1937 bis 1954 mit der Bibernellrose geschaffen hat. Die zwei allerbesten Sorten sind 'Frühlingsgold' mit buttergelben Blütenschalen und allgegenwärtigem Duft und 'Frühlingsmorgen' mit rosafarbenen, in der Mitte blaßgelben Blüten zu graugrünem Laub. Stellen Sie sich nur vor, solch weitausgreifenden Rosenbusch, voll beladen mit den köstlichen Blüten, im Mai am

Rosa gallica 'Complicata' wird von Rosenkennern wegen ihrer weiten, einfachen Blütenschalen geschätzt. Daneben steht die starkwüchsige Kletterrose 'Paul's Himalayan Musk', die jedoch für mitteleuropäisches Klima oft nicht hart genug ist (links). Die auffälligen Hagebutten der *Rosa moyesii* (rechts) sind neben ihren dunkelroten Blüten ein weiterer Vorzug dieser chinesischen Art.

Rande einer Blumenwiese zu haben – oder gar eine Gruppe davon. Doch wer wird einer einmal blühenden Strauchrose solch bevorzugten Platz im Hausgarten einräumen oder findet überhaupt noch den Platz dafür? 'Stanwell Perpetual', eine rühmenswerte Hybride aus Bibernellrose und Damaszenerrose von 1838, blüht nach. Sie duftet würzig, und die blaßrosigen, gut gefüllten Blüten sind zwar nicht so spektakulär wie die Vorgenannte, doch schön genug, um sie jedermann zu empfehlen.

Mit *Rosa willmottiae* aus Westchina kann man Leuten imponieren, die Sinn für malerische Effekte haben. Die jungen Triebe dieser Rose wie die Stacheln geben sich rosa überhaucht. Dazu passen dann auch die lilarosa Blütchen, Ton in Ton gehalten. An *Rosa moyesii,* auch aus China stammend, weiß man gar nicht, was man mehr bewundern sollte: die tiefroten, einfachen Blütchen zwischen weitgestellten Blattpaaren im Juni oder die signalroten, birnenförmigen Hagebutten im Spätsommer. Auch ihr Wuchs ist beachtlich, sie wird oftmals höher als drei Meter. Die Sorte 'Geranium' wächst kompakter und sparriger als die Art. Auch ihre Blüten differieren, sie sind heller im Rot. Ein Sämling der *Rosa moyesii* mit besonders leuchtendem Fruchtschmuck wurde treffend 'Sealing Wax' benannt. Die Blüten dieser Sorte sind karminrosa. *Rosa sweginzowii* steht, was den Fruchtschmuck betrifft,

den zuvor genannten Rosen nicht nach. Auch sie erreicht eine beachtliche Höhe und gibt einen Akzent im herbstlichen Garten. *Rosa omeiensis f. pteracantha,* volkstümlich als „Stacheldrahtrose" benannt, wirkt durch die blutrot gefärbten, starken Stacheln an den jungen Trieben. Besonders eindrucksvoll ist sie, wenn man der mächtig heranwachsenden Rose vor tiefstehender Abendsonne ihren Pflanzplatz geben kann, weil im Gegenlicht die Stacheln ganz besonders gläsern und aufregend durchscheinend wirken.

Wer wenig Platz im Garten hat und beklagt, daß Wildrosen nur einmal blühen, der sei auf *Rosa rugosa* und ihre Sorten verwiesen. Sie blühen immerfort bis zum Herbst, und sie wachsen zufriedenstellend auf armen Böden. Ihre Hagebutten, groß wie Kirschtomaten, sind ein weiterer Vorzug. Exquisit, mit zugespitzten Knospen und klaren, einfachen Blüten in einem reinen Rosa, ohne den bläulichen Ton anderer Rugosas, gibt sich die Sorte 'Frau Dagmar Hastrup'. Sie ist von kompaktem Wuchs und eignet sich daher gut für eine

Hecke. Früh, oftmals schon Ende Mai, ist 'Roseraie de l'Hay' mit ersten Blüten zur Stelle. Ihre tief karminpurpurnen, gefüllten Blüten sind ein wahres Duftpotential, unerreicht von anderen Sorten der Rugosa-Rosen. Empfehlenswert ist auch die weißblühende 'Blanc Double de Coubert'.

Viele der „alten" Gartenrosen sind gesund, robust und reichblühend. Es gibt einige darunter, die den Charme der Wildrosen haben. Andere hingegen zeigen den Pomp von entwickelten Gartenblumen, wirken durch die Füllung ihrer Blüten aufwendig stilisiert. Doch gerade sie sind unersetzlich durch den Duft, der sich in diesen Blüten birgt.

Die Gallische Rose ist die älteste und berühmteste aller Rosen. Enorm überlebenstüchtig wurde sie an vielen Orten gefunden, an denen die römische Kultur ihre Spuren hinterließ. Die Apothekerrose (*Rosa gallica officinalis*) ist mit ihren duftenden, karminroten Blütenschleppen immer noch eine empfehlenswerte Gartenrose, obwohl ihre aufregende Mutante, die *Rosa mundi* (auch *Rosa gallica* 'Ver-

Die Strauchrose 'Raubritter' (links) wurde von Kordes 1936 gezüchtet. Die Kletterrose 'Russelliana' (rechts) kennt man seit 1840. Sie wächst kräftig und blüht nur einmal.

sicolor'), wegen der weiß und karminrot gestreiften Blüten noch mehr gepriesen wird. Beide Rosen treiben häufig Ausläufer und sind bestens geeignet, zusammen mit Fingerhüten, Königskerzen und duftendem Rainfarn (*Chrysanthemum vulgare*) in sonnigem Winkel sich selbst überlassen zu sein. Eine Rose für Kenner ist *Rosa gallica* 'Complicata'. Was an ihr kompliziert sein soll, haben sich Generationen von Liebhabern gefragt. Sie ist ganz im Gegenteil unkompliziert, hinreißend einfach durch die großen, ungefüllten, rosa Blüten. Typisch und auffällig ist das spitz ausgeformte gesunde Laub.

Überaus dankbar sind *Rosa x alba* 'Semiplena' und 'Maxima', hochwachsende Sträucher mit graugrüner Belaubung und weißen, halbgefüllten, beziehungsweise gefüllten, duftenden Blüten. Hin und wieder trifft man in betagten Gärten auf sie, wo kein Mensch sich die Mühe gemacht hat, selbstausgesäte Gehölze zu fällen. Die Rosen stehen, was sie gar nicht mögen, schattig und bringen doch immer noch an langen, dünnen Trieben einige Blüten hervor. Dies sei ein Hinweis, daß diese Rose auch noch an halbtägig besonntem Pflanzplatz zufriedenstellend blüht.

Altehrwürdig sind auch die Zentifolien. Die Ursprungsform *Rosa centifolia* kennt man seit dem frühen 17. Jahrhundert. Sie trägt an überhängenden Trieben die flachen, rosafarbenen, süßduftenden Blüten. Die Moosrose (*Rosa centifolia* 'Muscosa') ist eine Mutation der Zentifolie mit drüsigen, moosartigen Wucherungen an den Knospen, die 1727 in Leyden, Holland, entdeckt wurde. Sehr ausgeprägt und kurios gibt sich das „Moos" der Sorte 'Cristata' (auch 'Chapeau de Napoléon' genannt), die um 1820 in der Schweiz entstand. Die drüsigen Wucherungen duften nach Harz, während die Blüten selbst wunderbaren klassischen Zentifolienduft haben. Wer sich darüber hinaus speziell an Duftrosen erfreuen möchte, der sei auf die Sorten der üppigen Remontantrosen, der Noisetterosen, der Moschata-Hybriden verwiesen. Selbst moderne Beetrosen duften zuweilen stark. Sie allesamt sind aber nicht genügend robust, um im vorgegebenen Rahmen genannt zu sein. Mit einer Damaszenerrose, die erst um 1950 aus Persien eingeführt wurde, der 'Rose de Resht', sei die Auswahl robuster Duftrosen beschlossen. Die Blüten dieser Rose sind kugelig und dichtgefüllt, von karminroter Färbung. Der Duft ist stark und süß. Die Pflanze wächst gedrungen und kompakt. Und wie erfreulich – sie blüht nach.

Die Zentifolien-Mutante 'Cristata' (links oben) wurde 1826 eingeführt. Wegen der kuriosen Form der Knospen nannte man sie auch 'Chapeau de Napoléon'.
Rosa rugosa 'Roseraie de l'Hay' (links unten) entstand 1910 und trägt den Namen des berühmten französischen Rosariums. Sie duftet besonders stark.
Die öfterblühende Damaszener-Hybride 'Rose de Resht' (rechts oben) wurde erst 1950 nach Europa gebracht. Sie verströmt einen wundervollen Duft.
Rosa gallica 'Versicolor' (rechts unten), auch „Rosa Mundi" genannt, ist seit dem 16. Jahrhundert bekannt.

'Royale Marbrée' mit ihren gestreiften Blüten ist eine Gallica aus dem letzten Jahrhundert. Empfehlenswerter noch ist die 'Camaieux', deren Streifung malerisch violettgrau altert.

Bezugsquellen

Diese Angaben sind eine persönliche Auswahl des Autors.

Rhododendron, Moorbeetpflanzen
Hans Hachmann
Brunnenstraße 68
25355 Barmstedt
Tel.: 04123/2470

Stauden, Bartiris, Taglilien und Orientmohn
Staudengärtnerei Gräfin von Zeppelin
Weinstraße
79295 Sulzburg-Laufen
Tel.: 07634/69716

Winterharte Stauden und Gräser
Staudengärtnerei Ernst Pagels
Deichstraße 4
26789 Leer
Tel.: 0491/3218

Phlox, Staudensortiment
Peter und Bärbel zur Linden
Linner Kirchweg 2
49141 Bissendorf
Tel.: 05402/5618

Paeonien und Hosta, großes Staudensortiment
Heinz Klose
Rosenstraße 10
34253 Lohfelden bei Kassel
Tel.: 0561/515555

Großes Staudensortiment, Gehölze, Wildpflanzen
Sortiments- und Versuchsgärtnerei Simon
Staudenweg 2
97828 Marktheidenfeld
Tel.: 09391/3516

Astilben, Rhododendron, Arendsii-Hybriden, Staudensortiment
Staudengärtnerei Georg Arends
Monschaustraße 76
42369 Wuppertal-Ronsdorf
Tel.: 0202/464610

Staudensämereien
Jelitto Staudensamen GmbH
Postfach 1264
29690 Schwarmstedt
Tel.: 05071/4085

Blumenzwiebeln
Horst Gewiehs
Postfach 1270
27342 Rotenburg (Wümme)

Historische Rosen, Klematis-Hybriden
Ingwer J. Jensen GmbH
Am Schloßpark 2b
24960 Glücksburg
Tel.: 04631/60100

Historische Rosen, ab Frühjahr '94 Klematis
Roses du Temps Passé
Fa. Lacon
J. S.-Piazolostraße 4a
68759 Hockenheim
Tel.: 06205/4001

Umfassendes Sortiment vom Baum bis zur Tulpenzwiebel (Versand)
Gustav Schlüter
Bahnhofstraße
25335 Bokholt-Hanredder
Tel. 04123/2021

Nützliche Adressen
„Pflanzeneinkaufsführer" von:
Anne und Walter Erhard,
Ulmer Verlag.

Wenn Sie spezielle Fragen haben, wenden Sie sich bitte in Ihrem Land an folgende Adresse:

D
Zentralverband Gartenbau e. V. (ZVG)
Godesberger Allee 142–148
53175 Bonn
Tel.: 0228/810020

CH
Schweizerischer Gärtnerverband
Zälgliweg 10 B
CH-3422 Kirchberg
Tel.: 0041-34-451013

A
Bundesverband der Erwerbsgärtner Österreichs
Draschestraße 13–17
A-1232 Wien 23
Tel.: 0043-222-671574

Register der deutschen Pflanzennamen

Impressum

Die Deutsche Bibliothek –
CIP-Einheitsaufnahme

Gartenkultur: eine Auswahl schöner Gärten mit
praktischen Hinweisen und Erklärungen/
Marion Nickig/Friedolin Wagner. –
Sonderausg. – Hamburg: Ellert und Richter, 1997
ISBN 3-89234-769-7

Text und Bildlegenden:
Friedolin Wagner, Hamburg
Fotografie: Marion Nickig, Essen
Zeichnungen der Gartenpläne:
Ludwig Esser, Hamburg
Lektorat: Ursula Krüger, Reinbek
Lektoratsassistenz: Annette Willenborg, Hamburg
Gestaltung: Hartmut Brückner, Bremen
Satz: KCS GmbH, Buchholz/Hamburg
Lithographie: scantrend Brümmer & Partner GmbH,
Offenbach
Druck: C. H. Wäser KG, Bad Segeberg
Bindung: Buchbinderei Büge, Celle